現代哲学のキーコンセプト

確　率

現代哲学のキーコンセプト

Probability
確率

ダレル・P.ロウボトム
Darrell P. Rowbottom

佐竹佑介………訳
一ノ瀬正樹……解説

岩波書店

私の両親，エロルとジーンへ
40 年間の愛情に感謝をこめて

PROBABILITY
by Darrell P. Rowbottom
Copyright © 2015 by Darrell P. Rowbottom

First published 2015 by Polity Press, Cambridge.
This Japanese edition published 2019
by Iwanami Shoten, Publishers, Tokyo
by arrangement with Polity Press, Cambridge.

はじめに

この本で私は，確率の哲学への優れて親しみやすい，つまり，確率がつかわれるいかなる学科の学生にとっても興味をそそるような入門書をつくることを目的とした．種々の確率解釈の方法をただ提示するだけではなく，それぞれの解釈を支持する議論と，それらに反対する議論を，日常生活に即して説明した．また，それらの成果がどのように利用されるかも示した．9章では，確率的思考においてよくある誤謬について解説している．さらに，10章では，社会科学，および，自然科学における確率解釈も扱った．

本を書くことというのは，ボランティアのようなものであった．現在の学術界における名声というのは，ほとんど研究の生産性と結びつけられるものだからである．それゆえ，悲しいかな，入門書を書くことは，概して著者自身の（とくに若手研究者としての）最大の利益に結びつくものではないのだ．（この本は2010年に書き始め，2012年には書き終える予定だったが，その頃私は若手研究者だった．まったく不真面目な著者である！）しかしながら，もし，確率という主題に対する私の情熱が，この本の内容に行き渡っており，この主題をよりくわしく学ぶよう初心の読者を鼓舞するなら，それが，私にとっては十分な報酬となる．もし，そうであったら——あるいは，もし，この本の内容について質問があるなら——ぜひ教えてほしい！

私には，多くの恩義がある．第1に，この本の草稿にコメントをくれたすべての方々に心より感謝申しあげたい：クリス・アトキンソン，ジェニー・フン，ウィリアム・ピーデン，マウリシオ・スアレス，ジョン・ウィリアムソン，ジジ・ジャン，私が受けもった授業「確率と科学的方法」のかつての学生たち，そして，Polity 社より指名された匿名の査読者．第2に，ドナルド・ギリースに感謝の意を表したい．彼は，確率の哲学への私の興味をかきたて，これについて私に多くを教えてくれた．第3に，この本を書きあげるのを手助けしてくれた Polity 社の編集者——エマ・ハッチンソン，サラ・ランバート，パスカル・ポーチェラン——の勇気ある辛抱にも感謝しなければならない．最後に，

v

たいへん綿密な編集作業に加え，たくさんの不要な感嘆符の除去までしてくれたサラ・ダンシーに感謝したい．

目　　次

はじめに

1　確　率——二面的な生活の手引き？ ……………………………… 1

1.1　なぜ確率が問題になるのか ……………………………………… 1

1.2　確率の 2 つの側面 ……………………………………………… 3

1.3　一元論か多元論か ……………………………………………… 7

1.4　ラプラスの悪魔——ある思考実験 ……………………………… 10

1.5　確率の諸解釈——手はじめの分類 ……………………………… 12

2　古典的解釈 ……………………………………………………… 13

文献案内 ……………………………………………………………… 19

3　論理的解釈 ……………………………………………………… 21

3.1　条件つき確率の簡単な入門 ……………………………………… 21

3.2　論理的確率とは何か ……………………………………………… 22

3.3　論理的解釈における条件つき確率と
　　　条件つきでない確率 …………………………………………… 25

3.4　論理的可能性と信念 ……………………………………………… 26

3.5　論理的確率を測る ……………………………………………… 28

3.6　論理的解釈の問題点 …………………………………………… 33

3.7　部分的含意 vs. 部分的内容 …………………………………… 40

文献案内 ……………………………………………………………… 42

4　主観的解釈 ……………………………………………………… 43

4.1　ダッチブックと賭けでのふるまい ……………………………… 43

4.2　ダッチブック論証の問題 ……………………………………… 47

vii

4.3 確率の測定と「信念の度合い」………………………	52
4.4 賭けのシナリオの代替案…………………………… ——採点ルール	57
4.5 主観的解釈への反論 …………………………………	59
4.6 主観的一元論と独立性 ………………………………	64
文献案内……………………………………………………	68

5 客観的ベイズ主義……………………………………………… 71

5.1 信念の度合いへのさらなる制限………………………	72
5.2 客観的ベイズ主義の実際…………………………… ——さらなる実例	74
5.3 客観的ベイズ主義は確率の解釈なのか？…………	76
5.4 客観的ベイズ主義への反論…………………………	78
5.5 客観的ベイズ主義 vs. 論理主義……………………	80
5.6 主観主義から客観的ベイズ主義へ………………… ——解釈のスペクトル	87
文献案内……………………………………………………	87

6 集団レベルの解釈……………………………………………… 89

6.1 集団のダッチブック …………………………………	90
6.2 集団のダッチブックと合理性………………………	91
6.3 間主観的見解………………………………………… ——ギリースによる集団の信念の度合いと意見の一致	94
6.4 代替案……………………………………………… ——賭け比率を用いることについての意見の一致	97
6.5 ギリース vs. ロウボトム ……………………………	99
6.6 間主観的確率から間客観的確率へ………………… ——新たなスペクトル	104
文献案内……………………………………………………	105

7 頻 度 説……………………………………………………… 107

7.1 有限の経験的な集まりと現実の相対頻度…………	108

目　次

7.2　無限の経験的集まりと現実の相対頻度の極限 ………… 111

7.3　仮説的頻度説とフォン・ミーゼスの
　　　相対頻度解釈 …………………………………………… 114

7.4　経験的法則——安定性とランダム性 ………………… 116

7.5　仮説的頻度説に対する初歩的な反論 ………………… 121

7.6　仮説的頻度説へのさらなる批判 ……………………… 124
　　　——単称事例，参照クラス，系列順序

7.7　簡潔な共感的結論 ……………………………………… 129

文献案内 ……………………………………………………… 129

8　傾向性解釈 ……………………………………………… 131

8.1　傾向性としての確率 …………………………………… 132

8.2　単称事例の傾向性（ポパー）…………………………… 133

8.3　単称事例の傾向性 vs. 長期的傾向性 ………………… 135

8.4　単称事例と長期的傾向性 ……………………………… 138
　　　——その関係性は？

8.5　参照クラス問題再び …………………………………… 141

8.6　単称事例の傾向性としての確率に対する
　　　最後の反論 ……………………………………………… 144
　　　——ハンフリーズのパラドックス

8.7　傾向性についての簡単な結論 ………………………… 145

文献案内 ……………………………………………………… 145

9　誤謬，パズル，パラドックス ………………………… 147

9.1　ギャンブラーの誤謬と平均値の「法則」……………… 147

9.2　基準率の誤謬 …………………………………………… 151

9.3　逆転の誤謬 ……………………………………………… 153

9.4　連言の誤謬 ……………………………………………… 155

9.5　モンティホール・パラドックス ……………………… 157

文献案内 ……………………………………………………… 162

ix

10 人文学，自然科学，社会科学における確率 ……163

10.1 確証理論 ………………………………………163

10.2 メンデルの遺伝学 ………………………………167

10.3 ゲーム理論 ………………………………………171

10.4 量子論 ……………………………………………175

10.5 最終幕 ……………………………………………179

文献案内 ……………………………………………179

付録A 確率の公理と法則 ………………………………181

付録B ベイズの定理 ……………………………………184

参考文献 ………………………………………………187

日本語参考文献 ………………………………………190

解説 確率のリアリティ ……………………一ノ瀬正樹……193

訳者あとがき …………………………………………205

索　引 …………………………………………………209

1

確　率——二面的な生活の手引き？

1.1　なぜ確率が問題になるのか

　確率をどのように理解するかについての本などというのは，面白そうには思えないだろう．実際，数学に興味がなければ，そのような本には，た̇ぶ̇ん̇，関心が向かないと思う．とはいえ，確率をわかっていないとお̇そ̇ら̇く̇，私たちは人生で良くない決断をくだすことになる．（ここで，私が学生のころ，しかるべき確率の知識を身につけていない人から大金をせしめたという話をしたら，みなさんの興味をそそるかもしれない．これについては3章を読んでほしい．）人はときに，そうすべきでないときにそう行動したり，そうすべきときにその行動をとらなかったりするものだ…．まあ儲け話は別にしても，確率が関わる言明が，日常生活で重要になるようなシナリオを考えてみよう．

　あなたが，山登りに熱中しており，ある日の天気予報を確認しているとしよう．予報では，これから登る山のあたりの降水確率——降雨の見込み(chance)とも言われる——は，たった1/20，つまり5％らしい．さてこのとき，あなたは，雨具をもっていくべきだろうか．

　もちろん，この判断は，いささか文脈によるので，もう少しそれを特定しよう．あなたが雨具をもっておらず，これを手に入れるのはとても面倒ではあるが，さりとて濡れたくもないとしてみよう．あなたは大体のところ次のように考えている．濡れるのは雨具を入手するわずらわしい手間を払うより不愉快だ．雨具を手に入れずに済み，濡れることもないのが一番いいな，と．この種の議論をより正確なものにするには，起こりうる状況ごとに，効用(utility)の値を割り振るとよい．しかしここでは，不必要に話を複雑にする代わりに，4つの可能な状況を，あなたの選好にしたがって順位づけるのがよい．すなわち，雨具を手に入れず，雨も降らない(最も良い)，雨具を手に入れ，雨が降る(2番

1

目に良い），雨具を手に入れ，雨は降らない（3番目に良い），雨具を手に入れず，雨が降る（最悪だ）．（この種のシナリオでは，明示的に言われてはいないが前提されていることがないかを考慮するのが有用だ．本書を読みながら，いつもこれを考えてもらいたい．例えば，今の例では，「雨具を手に入れ，雨が降る」は，「雨具を手に入れ，雨は降らない」よりも順位が高い．私がそうしたのは，雨が降らなかったら，雨具をもっていることにいらいらすると考えたからだ．つまり，「これを手に入れるのに面倒な手間を払わなくてもよかったはずなのに！」と感じると思ったからだ．たぶんこれは，状況を最初に説明するときに条件として言っておくべきだった．）

　上で見た選好の順序は，この例で何が問題となっているのかを明示する．雨具を入手することにすると，あなたは最も良い結果を得られない．だが同時に，最悪の結果をまぬがれることもできる（そして，2番目と3番目の可能性を残すことになる）．さて，もっている情報が選好の順序だけだとしたら，あなたの選択はリスクに対する自分自身の態度にだけ依存することになる．中には，人よりリスクをきらう人もいるであろう．しかし，この場合あなたは，雨が降らない確率の方が降る確率よりもよっぽど高いということも知っている．このことは，あなたの決断に影響を与えるだろう．実際，すぐ後で見るように「より確率が高い」ということが，ある仕方で解釈されるとき，あなたの決断に影響を与えるのだ．それがなぜなのかは，非常に大まかに言えば，確率がしばしば，各々の可能性の重要さの尺度として利用されると言えば，たぶんわかってもらえると思う．

　それでも，そのように理解された確率が重要だということが納得できない人もいるかもしれない．そうであるなら，重要さの尺度により諸々の可能性を順序づけることができなかったとしてみよう．あなたは，自分がわかっているどの可能性も，他の可能性と同じように扱うであろう．つまり，あなたは，自身の頭上に隕石がおちる可能性も，ナイフを振り回す病的犯罪者があなたを脅しつける可能性も，雨が降る可能性と同じくらい深刻なものととらえてしまう．あなたは，ヘルメットをかぶるか，防刃ベストを着用するかといったことに気をもむことになる．実際，少し想像すれば，あなたは，気が滅入るほどに多くの可能な結末に頭を悩ませるだろう（もちろん，何もしないことも良くない．

何もしないで家にいると地震で死ぬかもしれないのだ）．良いことといえば，わるい可能性だけでなく，多くの良い可能性を考えることもできるということくらいのものである．例えば，隠されたダイヤモンドを偶然にも発見する可能性や未来の伴侶に出会う可能性などだ．しかし，実際には，どうするのが最も良いのか見当をつけなければ前には進めない．人生とは，そのような推測の連続だと言えよう．そして，私たちは普通(ヘルメットを常にかぶっている人はおかしいと考えるかぎりで)人生をそのような仕方で理解してはいないのだ．

　だが，以上をもってしても，確率についての語りが何を反映していると理解できるか，また，理解されるべきかという問題は手つかずのままである．そして，これが，この本が中心的に扱う主要な問いである．この問題について考える１つの方法は，次の通りである．例えば私たちは，どのようにして，「今日，香港で雨が降る確率は 0.5 である」という言明を，確率への言及を含まない記述的な言明に，満足な仕方で翻訳することができるだろうか．（「記述的な」の使用に注意してほしい．ここでは，上の言明が，どのように行動するべきかについてのものであるとしたいだけではない．私たちは，この言明が，私たちが特定の仕方で行動する理由を与えるものであるととらえたいのだ．）上記のような言明が私たちの行動を導くものとして使用されるべきであるかどうかは，この翻訳が，どのようになされるかに依存する．

　この点について，これから見ていくのだが，ここには，確率言明について，注意深く考えないと，容易に見逃してしまう多くの微妙さと繊細さがあることに注意されたい．例えば，山登りの事例をもう一度考えてみよう．あなたは，問題の山岳地帯の降水確率が 1/20 であることを知っている．しかし，あなたが登ろうとしているのは，その地域の山の１つである．だとすれば，あなたが登ろうとしている山の(もっと言えば，あなたが取ろうとしているルートの)降水確率は，1/20 とは異なるのだろうか．より低いのか．それともより高いのか．続きを読む前に，このことについて一度考えてみてほしい．

1.2　確率の２つの側面

ポケットから何の変哲もない１枚のコインを取り出すとしよう．コインをは

じいたとき，「表」が出る確率はどれくらいだろうか．偶然にも，私は，この問いを多くの学生に投げかけたことがある．以下は，この問いから始まる議論の(最も理想的な！)1つの例である．

ダレル　このコインをはじいたとき，「表」になる確率はいくらだと思う？

学生1　1/2ですね．

ダレル　彼女に反対する人はいる？

学生2　その確率は，僕たちにはわからないと思います．

ダレル　本当に？　どうしてだい？

学生2　その確率を見積もるには，実験する必要があると思います．

ダレル　というと，彼女に対して，どういうことを言いたいんだい？

学生2　そのコイン——あるいは，そのはじき方——には偏りがあるかもしれない．そのことについて僕たちは知らない．だから，そうであるかどうか，そして，もしそうなら，どれくらい偏っているかを実験によって確かめないといけないということです．

ダレル　なるほど．ということは，もし，私がコインを繰り返しはじいて，表が出る頻度を記録すれば，コインをはじいたときに表が出る確率をよりよく見積もれるようになると君は考えているわけだね．

学生2　そういうことです．

ダレル　だとすれば，君の見解では，何かの魔術でもつかって今言ったような過程を永遠に続けたとしたら，実際の確率が，たしかに，明らかになるということだね．つまり，私がコインを無限回はじいて，そのすべての結果を得たなら．

学生2　はい，そう思います．

ダレル　なるほどね．学生1は，これについてどう思う？

学生1　んー，コインが偏りをもっているかもしれないというのはたしかですね….

ダレル　つまり，私がコインをはじくという過程から，コインの一方の面よりももう一方の面が出ることがより大きな頻度をもつということが

わかるかもしれないということかい？

学生 1 そうですね，そう理解していいと思います．ただ，たとえコイ
ンが偏っていると考えたとしても，どちらに偏っているのかはわかりま
せんよね．だから，私たちの知る限りでは，表が出る確率は，裏の出る
確率と同じだと結論づけるのが正しいように思われます．

ダレル なるほど．ということは，君たちの見解には，実際に違いがあ
るということになるね．間違いがあったら訂正してほしいんだけど，学
生 2 の見解によれば，私がこのコインを別のコインにすり替えたら，表
が出る確率は異なるかもしれない．この場合，実験のセッティングが変
わることになるわけだから．

学生 2 その通りですね．

ダレル 一方で，学生 1 の説明によれば，その確率は，私がコインをす
り替えても変わらないということだね．

学生 1 はい，その通りです．その…，もし先生が私たちにそのコイン
について何も知らせない——あるいは，少なくとも，私がそのコインに
ついて何も知らない——ということであれば，先生の言った通りです．

ダレル わかった．つまり，君は，私たちがいま議論しているような，
「これこれの確率は何か」という種の問題に対する正しい答えは，入手
可能な情報に相対的だと言っているわけだね．

学生 1 そうです．先生が，2 面のコインをもっているということしか
言っていないなら，私にわかるのは，それをはじいたとき 2 つの可能な
結果があるということだけです．

ダレル つまり，君は，それぞれの結果は，同様に確からしいと考える
わけだね．

学生 1 はい．

ダレル なぜそうなるんだい？

学生 1 私のもっている情報からは，どちらかを選択する方法がないか
らです．それぞれの可能性が，ちょうど同じくらい「あり」だというわ
けです．

ダレル なるほどね．つまり，学生 1 は私の言うところの情報ベースの

見解を支持していて，学生2は私の言うところの世界ベースの見解をとっているというわけだ．普通，これらの見解には，別の名前が与えられている——例えば，前者が「認識的」で後者が「客観的」とか，もしくは「認識的」に対して「可能性依存の(aleatory)」とか——けれど，私としては，これらの呼び方は，より混乱を招くように思われるんだよね．

　以上をまとめると，確率についての語りは，主に2つの仕方で解釈することができる．すなわち，世界について何かを言っているものとしてか，主体の情報の状態に依存して何かを言っているものとしてか．これらの定義は少し曖昧に思われるかもしれない．しかしそれは意図されたものである．実際，上の2つのカテゴリーの中には，さまざまな確率の語りの解釈があるのだ．これからこの本で，それらの解釈を見ていくことになる．また，この章の末尾にそれらの見解のリストを付しておく．しかし，ひとまずは，先の会話がどのように続くか，ということだけを考えることにしよう．確率が世界ベースで，あるいは，情報ベースで理解されるべきだということを支持するための議論が，どのように始まるかを考えてみよう．

学生2　待ってください．学生1に質問があります．

ダレル　ぜひ，聞かせてくれないかな．

学生2　なぜ，君は，コインが立つ可能性を考えに入れなかったの？

学生1　鋭い質問だね．似たようなコインのふるまいについて知っていることがあるからだと思う．

学生2　だったら，似たようなコインには偏りがないということを君が学習していたからと言うことはできないかな．つまりは，先生が言ったように，コインを投げて表が出る確率は，長い目で見れば1/2になるということ．

学生1　私は，そうは思わないわ！

ダレル　学生1，君が，経験から得た何らかの情報を取り上げて，それを可能性を絞るために利用したことは確かだね．実際，投げられたコインが着地することも，君は前提していたんじゃないかな．

学生1　もちろんです！

ダレル　よろしい．君は，自分がもっていた——その一部は過去の経験による——関連情報を取り出して，それがここでの問題にどのように関連づけられるかを考えたんだね．その情報が「ダレルがそのコインをはじくと，コインは表向きで着地する」という主張と何らかの関係をもつかに注意を向けたわけだ．

学生1　そうですね．そして，もし，コイントスについて3つの結果があるということ以外知らなかったら，「表」，「裏」，「側面」のそれぞれに同じ確率を与えていたでしょう．

学生2　なるほど！つまり，学生1が言っていることは，そのコインが偏りをもつかどうかではなくて，彼女の利用可能な情報——おそらく，彼女の知識——からして「そのコインをはじくと，表向きで着地する」が真であるのがどの程度と示唆されるかについての報告だということですね．

ダレル　すばらしい．とても良い授業になりそうだね！

　どちらの学生も理にかなっているので，世界ベースの見解と情報ベースの見解のどちらを選ぶかは難しい問題だという印象をもったかもしれない．それはもっともだ．というのも，これから見るように，この問題についての議論はとても長いあいだ続いているが，どちらが正しいのかについて学者たちの意見には幅広い相違があるからだ．

1.3　一元論か多元論か

　しかし，そもそも確率についての語りは，ただ1つの観点から理解されなければならないのだろうか．この問いに答えを与えるために，新しい仲間を加えて，先のダイアログの続きを見てみよう．

学生3　僕は，学生1も学生2も理にかなった見解をもっていると思います．2人とも正しいというのは不可能なのでしょうか．

7

ダレル　　いい質問だね．考えてみようか．コイントスに関する確率について，2人とも正しいということは可能なのかな．

学生3　　無理だと思います．確率が1/2で，それ以外でもあるなんてありえないです．ただ，学生1の見解のもとでは1/2だけれど，学生2の見解のもとではそうではない，というのはありえますね．

ダレル　　どんな解釈のもとでも，確率が同時に2つの値をとることはできない，というのは正しいね．だから，私が「表が出る確率はrだ」って言うとき，「確率」がどのように理解されても，rは1つの値しかとることができない．

学生3　　そうですよね．よくわかりました．ただ，それでも，それぞれの仕方で「確率」を解釈することはできますよね．だから，コインが表向きで着地する確率として，2つの異なる確率があるとは言えませんか．世界ベースの解釈と情報ベースの解釈があって，それらは異なる値をもつかもしれないという．

ダレル　　まさにその通りだね．大切なのは，整合性を保つことと多義性，つまり，同じ用語が，同じ議論の文脈で別のものを意味することによる誤謬を避けることだね．

学生3　　ということは，例えば，量子力学での確率は世界ベースのものとして理解されるべきで，コイントスについての確率は情報ベースのものとして理解されるべきだと言うことに，論理的な問題はまったくないのですか？

ダレル　　その通り．文脈によって異なる確率解釈を適用することに問題はないよ．実際，例えば，君たちが，コイントスに関する議論では世界ベースの見解だけを利用して，サイコロ投げに関しては情報ベースの見解だけを利用しても，それを止める論理的な理由はないというわけだ．妙な話だよね….

学生1　　妙だというのは，その2つの状況がよく似てるからですか？

ダレル　　そうだね．コインを扱うときは世界ベースの見解だけを用いて，サイコロを扱うときは情報ベースの見解だけを用いることの根拠を見つけるのは難しいだろうからね．

1 確率

学生2 でも，例えば，量子力学を扱っているときと天気予報を扱っているときを比較するなら，それぞれの状況で用いられる確率について，別の解釈を利用する優れた理由があるかもしれませんよね？

ダレル 多元主義を支持する多くの哲学者——彼らは，複数の確率解釈が正当化されうると考えているのだけど——なら「イエス」と答えるだろうね．例えば，カール・ポパーは，量子力学の確率は世界ベースで，科学理論の確証（confirmation）に関する確率は情報ベースであると考えていたんだ．これらの領域については，10章で議論することになるよ．

学生3 だとすれば，何が，確率についての一元論を支持する根拠になるのでしょうか？

学生1 理論の単純さ，エレガントさ，統一性あたりが考慮されるかもしれませんね．最終的に，世界は整然としたものだった，ということがわかるかもしれない．

ダレル そうだね．実際そうなのかもしれない．でも，単純さのために説明力を犠牲にするわけにはいかない．そして，もしかしたら，世界は実際に複雑なものなのかもしれないよね．

学生1 よくわかります．つまり，競合する2つの理論のうち，より単純な方が正しい，あるいは，より正しいとは限らないということですよね．でも，おそらく，単純さと統一性は，他の要素がすべて同等であるなら，2つの異なる説明のうちの一方を選ぶために，もち出されそうですよね．

ダレル たぶんね．これは，抽象的な話では扱いにくい問題だ．これについては，ブルーノ・デフィネッティの具体的な提案を見るときに考えることにしよう．彼は，ある種の情報ベースの見解についての熱心な一元論者だったんだ．彼は，なぜ，世界ベースの見解が，とても魅力的に見えることがあるのかを説明するために奮闘したんだ．ただその前に，ピエール＝シモン・ラプラスによる一元論を支持する議論も見ておこう．

私たちは，「何が，ただ1つの正しい確率解釈なのか」を問うことが見当ちがいであることを見てきた．「これこれの文脈における，確率言明のただ1つ

9

の正しい確率解釈は何か」を問う方が賢い選択なのかもしれない．どちらを選ぶかはあなた次第である．

1.4 ラプラスの悪魔——ある思考実験

しかし，それはどのように選択されるべきなのだろうか．1つの方法は，思考実験を用いるというものである．ラプラス（彼については，次の章でも見ることになる）は，情報ベースの一元論を支持する印象的な例を用いた．この例を改良したものを以下に示そう．

ある，強い力をもった悪魔を思い浮かべてみよう．悪魔については，次のことが成り立つ：

1. 悪魔は，私たちの世界の始まりの状態について，すべてのことを知っている——つまり，当初，世界に存在していたすべてのものと，それらのすべての性質について知っている．
2. 悪魔は，私たちの世界のすべての自然法則を知っている．それらは，この世界で事物がどのようにふるまうかを支配している．
3. 悪魔は，どんなに複雑な計算であろうと，素早く処理することができる．
4. 悪魔はこの世界の部分ではない．

ここで，この悪魔がこの世界に関して何らかの予測を立てるときに，確率を必要とするかを考えてみよう．ラプラスによる回答は，断固とした「ノー！」である．あるいは，より詳しい彼の結論は，次の通りである：

5. 悪魔は，この世界のいかなる時点における状態も，直ちにはじき出すことができる．

（ラプラスのもとの思考実験は，自身が住む世界の現在の状態を知っている悪魔についてのものであった．そして彼は，この悪魔が未来と過去のすべての世

界の状態を算出することができると主張したのである．しかし，その思考実験
では，私の改良版では避けられる多くの問題が生じてしまう．）

　以上の思考実験からは，どのようなことが言えるだろうか．2つの物体だけ
からなり，古典力学と重力の法則だけに支配されている，きわめて単純な世界
を考えてみよう．この世界には，2つの分割不能な（そして完全な固体である）
球だけが存在しており，一方がもう一方のまわりを円状に周回している．限ら
れた知性をもった私たちでさえ，（先の法則に加えて）2つの球の初期の位置と
速度，質量がわかれば，この世界のいかなる時点における状態も算出すること
ができる．

　つまり，ラプラスが考えていたのは，私たちが確率を必要とするのは，自ら
の無知のゆえだということである．このことは，上の単純な事例で，私たちが
一部の情報をもっていない状況を想像してみればわかる．例えば，静止してい
る方の球の初期位置を知らない状況などだ．この場合，どの時点についても，
この世界の未来の状態を正確に予測することはできない．だがそれでも，確率
を用いれば，それらの状態について何らかのことを言うことはできる．

　しかし，この論証は妥当なのだろうか．前提が真であるなら，結論が偽であ
ることは，不可能なのだろうか．そうではないだろう．というのも，ここには，
重大な仮定が隠されているからだ（他にも隠された仮定があるかもしれないが，
これから見るものは，とくに重要である）．その仮定とは，基礎的な自然法則
が確率を含んでいないということである．なぜそのように考えなければならな
いのだろうか．なぜ，どんな初期状態についても，可能な未来は1つしかない
と仮定しなければならないのだろうか．世界は，非決定論的であるかもしれな
いのだ．この見解については，8章で，ポパーによる世界ベースの確率の傾向
性説を考える際に再び扱うことになる．

　実際に，量子力学のような物理学の分野では，いまある最善の法則（の候補）
が確率を含んでいるということは，付け加えておいてもいいだろう．したがっ
て，ラプラスの思考実験は，（私の改良版であっても）一見して思われるほど良
いものではないのだ．

表 1.1　確率解釈の分類

情報ベース	世界ベース
古典的解釈	
論理的解釈	
主観的解釈	頻度解釈
客観的ベイズ主義解釈	傾向性解釈
集団レベルの解釈	

1.5　確率の諸解釈——手はじめの分類

先にも述べたように，確率の解釈にはさまざまなものがあり，それらは2つ
の包括的なカテゴリー，すなわち，世界ベースのものと情報ベースのものに分
類される．これらは，表1.1に示されている．

以降の数章で情報ベースの見解を，その後に世界ベースの見解を見ていく．
これらの解釈を身につけたうえで，9章では，確率を用いる際に生じるいくつ
かの誤謬，パズル，パラドックスを見る．10章では，私たちが人文科学，自
然科学，社会科学の理論の選択を考えるうえで，確率がどのようにその選択に
関わるかを見る．

2

古典的解釈

　確率に関する数学的理論は，ギャンブルにおける差し迫った需要によって発達した(賭けは，この本で繰り返し現れるテーマである). とりわけ，サイコロ賭博では有利だと思われるやり方のパターンがあったが，なぜそうなるのかはわからないままだった. そこで，そうしたパターンを理解する(あわよくば予測する)数学的な手法が求められるのは自然なことだった. また，ゲームが途中で終わってしまったときに，どのようにしたら，プレイヤー間で公平にお金を分けることができるかという問題もあった. もし，私の方があなたよりも勝ち目があったなら，私の取り分をより多くした方が公平に思われるだろう. しかし，相対的な勝ちの見込みは，どうしたら測ることができるのだろうか. 私たちはどのように賭け金を分配するべきなのだろうか.

　17世紀フランスでの3人の人物のやり取りから，確率理論(あるいは，少なくとも，現代的な確率理論の初期段階)に入っていこう. その3人とは，アントワーヌ・ゴンボー(シュヴァリエ・ド・メレとしても知られる)と呼ばれるギャンブラーと，2人の数学者，ブレーズ・パスカルとピエール・ド・フェルマーだ. ギャンブラーが賭け金をどのように分配するかについての問い——この問いは，もともと100年以上前に，ルカ・パチョリという数学者によって提示されていたものだ——を立て，残る2人がそれを解決した. この問いを単純化して以下に示そう.

　2人の人物が，お金を賭けて公平なゲームをやることになった. それぞれが，同額を壺に入れる(以降で見るように，ここで，このゲームが公平であることは重要である. このことは，偏りのあるコインを使ったコイントスを想像すればわかる. 「表」が出ればプレイヤー1の勝利となり，「裏」が出れば，プレイヤー2の勝利となる). 最初に3勝した方が，壺の中のお金を受け取るという取り決めである. だが，残念ながら，彼らは途中でゲームをやめなければいけ

13

なくなってしまった．ゲームをやめた時点で，プレイヤー1は2回，プレイヤー2は1回勝っていた．賭け金はどうすべきだろうか．

パスカルとフェルマーは，ゲームをやめた時点でのプレイヤーそれぞれの未来の可能性を考えることで，上の問題に答えが与えられることに気づいた．多くの人はゲームが終わった時点で過去に何が起きていたかだけを考え，それにもとづいてお金を分配しようとした．例えば，プレイヤー1はプレイヤー2の2倍勝っていたのだから，プレイヤー1が賭け金の2/3を受け取るべきだというのが1つの提案だ．しかし，以降で見るように，これは正しくない．

まずは，ゲーム終了時点で生じうる未来をリストアップしよう．

1. プレイヤー1が次のゲームに勝つ．（したがって，プレイヤー1が賞金を獲得する．最終的なスコアは3対1になる．）
2. プレイヤー2が次のゲームに勝つが，プレイヤー1がその次のゲームに勝つ．（したがって，プレイヤー1が賞金を獲得する．最終的なスコアは，3対2になる．）
3. プレイヤー2が次の2つのゲームに勝つ．（したがって，プレイヤー2が賞金を獲得する．最終的なスコアは，2対3になる．）

それでは，この問題をどのように考えることができるかをダイアログ形式で見ていこう．

> ダレル　　私が，次のように論じたとしよう．ゲーム終了時点では，3つの可能な結果がある．そのうちの2つでは，プレイヤー1が賞金を獲得する．残る1つでは，プレイヤー2が賞金を獲得する．ゆえに，賭け金の2/3がプレイヤー1に，残る1/3がプレイヤー2に与えられるべきである．これの何が間違っているのかな？
>
> 学生1　　えっと，最初の可能性は2回に1回起きますよね．コインが偏りをもたないので…．
>
> ダレル　　その通り．みんながついてこられるように，いったん止めさせてもらおう．私が思うに，この問題はいくつかの段階に分解することが

14

2 古典的解釈

できる．ここでは，少なくとも賞金の半分はプレイヤー1に与えられる
べきだということがわかったわけだね．

学生1　　そういうことです．そして，次は残りのお金をどうするかを考
えるわけですね？

ダレル　　まさにその通り．それじゃあ，すかさず，残る2つの可能性に
ついて考えよう．

学生2　　これって要するに，スコアはそれぞれが2勝していて互角だけ
れど，賭け金は元のシナリオの半分である状況を考えるということです
よね．そして，ゲームが中断された場合に，その賭け金をどのように分
けるのが公平かということを問うわけですね．

学生1　　それは頭いいね！　そして君は今，その答えを明らかにしたわ
けね．プレイヤーたちのスコアは互角でゲームは公平だから賭け金の分
配も均等に，というように．そうなるよね？

学生2　　それがまさに僕の考えていたことだよ．というわけで，各プレ
イヤーの取り分の総計を考えよう．プレイヤー1は賭け金の半分と，半
分の半分をとるべきだ．半分の半分で1/4．そして，プレイヤー2は
1/4をとって，残りはプレイヤー1のものになるということだね．

ダレル　　すばらしい議論だね．君たちは，公平なゲームに関する問いを
段階的に考えた．そして，答えが明らかになった．もちろん，すべての
結果をリストアップする代わりに，数学的なテクニックを用いることも
できるけど，君たちのとった基本的なやり方は正しいよ．

　可能な結果を図で描くと，このダイアログで学生たちが用いた考え方が理解
しやすくなる（図2.1）．スコアは，(x, y) というように表記する．ここで，x
はプレイヤー1の，y はプレイヤー2のスコアである．図の開始位置は $(2, 1)$
であり，可能な結果は，$(3, 1)$ と $(2, 2)$ である．そして，$(2, 2)$ の時点で可能
な結果は $(3, 2)$ と $(2, 3)$ である．矢印の隣には，それぞれの矢印が指し示す
結果が，（同様のシナリオが延々と繰り返されたと考えたときに）どれくらいの
回数の割合で起こるかを書くとよい．したがって，例えば，$(2, 1)$ から $(3, 1)$
への矢印の横の数字は，$(3, 1)$ が $(2, 1)$ の次に起こる回数の割合を表している．

15

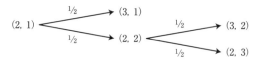

図2.1　賭け金分配の問題における可能な結果

　ここで行われるゲームは公平であると約束されているので，図中のすべての矢印の数字が同じだと考えてよい．つまり，それぞれのゲームで，2回に1回はプレイヤー1が勝ち，2回に1回はプレイヤー2が勝つ．ここまでくれば，それぞれの結果が，開始位置から見て，どれくらいの割合で起こるかを算出するのも簡単だ．関連する矢印の横の割合を掛ければよい．なので，スコアが(2, 1)であるときに，どれくらいの割合でゲームが(2, 3)で終わるか——これは，つまるところ，このシナリオでプレイヤー2が勝利する割合のことだ——を知りたいのであれば，(2, 1)から始め，2つの矢印にしたがってそれぞれの横の数字を記録することになる．1つ目の矢印は(2, 2)を指し示し，2つ目の矢印は(2, 3)を指し示している．それぞれの矢印の横には，1/2と書かれている．そこで，2つの数字を掛ける：1/2×1/2=1/4．よって，(2, 3)は1/4の割合で起こる最終的な結果だとわかる．そして，プレイヤー2が勝利するのはこの場合だけなので，ゲームが(2, 1)の時点で中断されたときに，プレイヤー2に賭け金の1/4を与えるのが公平だということは明らかである．

　それでは，19世紀前半にうつろう．この頃に，ピエール＝シモン・ラプラスが古典的な確率理論の典型的な主張を提示した：

> 可能性についての理論は，同様の種類のすべての出来事を，同等に可能な一定数の事例，つまり，私たちがその存在について，同等に未決であるような事例へと還元することと，その確率が問われている出来事を支持する事例の数を決定することにある．すべての可能な事例に対するこの種の出来事の比率は，この確率の尺度になる．これは要するに，分子には問われている出来事を支持する事例の数をもち，分母にはすべての可能な事例の数をもつ分数のことである．(Laplace 1814/1951: 6-7)

「同等に可能な」とか「それらの存在について同等に未決である」とかといっ

た言い回しは，結果が起こると期待される同等の割合という観点から理解でき
るかもしれない（上で見た図のように）．例えば，私たちは，ゲームが公平だと
約束されているからこそ，各ゲームにおいてプレイヤー1が勝つのか，それと
もプレイヤー2が勝つのかについて，同等に未決である．

　ここで，先の図の適当な点を考えてみよう．ラプラスの定義によれば，同じ
点からのびるすべての矢印の横には，同じ数字が書かれていなければならない．
（さらに，上の引用からは明らかでないが，1つの点からのびる矢印に付され
た数字の総計が1であることも要請するべきである．これは，関連する可能な
結果のすべてが，図に含まれていることを保証するためである．これを確認す
るために，図2.1の1/2を全部1/3で置き換えてみよう．すると，任意のゲー
ムにおいて，プレイヤー1は3回に1回勝ち，プレイヤー2も3回に1回勝つ．
だがこれは，残りの3回に1回で，私たちが考慮に入れなかった何かが起こる
ということを意味するだろう．）

　以上のように，図で考えると，ラプラスの定義の問題点がわかりやすくなる．
ゲームが公平ではないとしたら，何が起こるだろうか．例えば，おもり入りの
サイコロが用いられていることで，1人のプレイヤーに好都合なように，ゲー
ムが偏っていたらどうなるだろうか．あるいは，もし，ゲームが技能を要する
もので，一方のプレイヤーが，もう一方よりも，そのゲームに熟練していたら
どうか．そのときには私たちは，確率値について何も言えないのか．これは，
不公平な状況を取り扱えるように先の図を改変する方法が明らかであるかぎり，
ばかげた結論である．私たちは，任意の点から導かれるすべての数字の総計が
1になるようにしながら，矢印に付された値を変更するだけでよいのである．
まさにこの点が重要なのだ！　これで，不公平なシナリオであっても，賭け金
の分割の問題を簡単に解決することができる．

　例えば，図2.1を修正した図2.2を考えてみよう．ここでは，プレイヤー1
に都合の良い不公平なゲームが考えられている．しかし，それでも，私たちは，
一連のゲームが，(2, 1) の時点で中断されたときに，賭け金のうちのどれだけ
がプレイヤー2に渡されるべきかを算出することができる．前と同じように，
関連する（下向きの）矢印に付された分数を掛ければよい．すると，プレイヤー
2の勝利で終わる割合は，わずか1/9であるとわかる．したがって，賭け金を

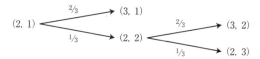

図 2.2 不公平なゲームでの賭け金分配の問題における可能な結果

公平に分配するのであれば，プレイヤー 2 が 1/9 をとり，プレイヤー 1 が残りをとることになる．

　他の選択肢に進む前に，以上の議論に関する，示唆に富んだダイアログを見ておこう．

学生 1 　　待ってください．矢印の横の数字は，本当に確率なのですか．

ダレル　　うん，確率だよ．これらの数字の足し算や掛け算のルールについて考えれば，明らかだよ．

学生 1 　　ですが，先生は，公平なゲームを設定するときに，それらが世界ベースであることを前提していたのではないでしょうか．結局，先生は，「結果が起こる同等の割合」について語りました．最初の前提とちがっているんじゃないですか？

ダレル　　いいところをついてきたね．説明をわかりやすくするためにそうすることにしたんだ．でも，別のやり方もできただろうね．例えば，他にどんな仕方で「公平な」ゲームが定義できたかを考えればわかるかな….

学生 2 　　結果のうちのどれかが他の結果よりも起こりそうだと考える理由を私たちがもたないようなゲームを考えるのはどうでしょうか．

ダレル　　それはいい例だね！それだったら，長い目で見て，それぞれの可能な結果が同じ割合で起こるということを前提する必要はないけれども，ラプラスの言葉をかりれば，私たちはどの可能性が起こるか——つまり，どのプレイヤーが勝つか——「について同等に未決である」ということになるね．

学生 1 　　なるほど．さらに，じつは今，もう少し踏み込んだことも考えています．私は，さっき用いられていた確率——矢印の横の値——は，たとえ，先生が定義されたような公平性を考えても，情報ベースなので

はないかと思うのです.

ダレル　どういうことか説明してくれる?

学生1　はい.私たちは,長い目で見て,プレイヤー1がプレイヤー2と同じくらい多く勝つということしか知らないから,1つの結果が他の結果よりも起こりそうだと考える理由をもちえないのです.

ダレル　それは正しい.よく気づいたね.つまり,私たちは,情報ベースの意味での確率を割り当てる際に,世界ベースの意味での確率——あるいは,世界ベースの確率が存在しないと言いたいのであれば,たんに出来事の頻度——についての知識を用いることができるかもしれないということだね.このトピックについては,5章で「客観的ベイズ主義」と呼ばれる確率の解釈を論じるときにもう一度扱うことになるよ.

文献案内

　確率理論の初期の歴史について知るためには,デヴィッド(David 1962)やハッキング(Hacking 1975),そしてダストン(Daston 1988)を参照するとよい.これらの本の難易度は,(セクションごとに異なるが)中級から上級レベルである.この中ではデヴィッドのものが全体として最もとっつきやすく,残る2つはより学術的である.

3

論理的解釈

論理的解釈(Logical Interpretation)は，1921年に，経済学者ジョン・メイナード・ケインズによって導入された．この解釈の背景にあるのは，命題(あるいは言明)のあいだには含意関係以外の論理的関係がある，という考え方である．この意味を理解するために，まずは，含意関係が確率によってどのように定義できるかを見ていく．そのためには，条件つき確率——P(p, q) あるいは P($p|q$)(これらは，条件つき確率の異なる表記法である)——を用いる必要がある．大まかには，P(p, q) は，q であるときの p の確率を表す．より詳しくは，以下で説明するように，P(p, q) は，q が真であると仮定したときの p の確率を表す．

3.1　条件つき確率の簡単な入門

条件つき確率を理解するためには，例を考えるのがよい．あなたがこの本のすべての章を読むかについての五分の賭け(つまり，あなたが私にある金額を渡し，もし，あなたが勝ったならば，私はあなたにその2倍の額を渡す)を私があなたにもちかけたとしよう．そして，ここであなたが賭けるお金の総額(賭け金)は，例えば，夜に街にくりだすような，楽しいことをするのに十分な，しかし，それ以上ではない程度の金額でなければならないとしよう(あなたが勝てば，2回街にくりだすことができるというわけだ)．あなたは，全章を読む自信がないので賭けたがらないかもしれない．あるいは，一晩の楽しみを増やすためだけにすべての章を読むのは，割に合わないかもしれない．

しかし，私があなたに別の賭けをもちかけたとしよう．こちらの場合，最終章の最後から2番目のページまでを読むかどうかはあなた次第であり，他の部分は先の賭けと同じである．つまり，この賭けは「あなたが，この本の最後か

21

ら2番目のページまで読んだ」ときにだけ，有効になる．それが実現しない場合，あなたは一銭も失わない（いわゆる「無効な」賭けになるというわけだ）．しかし，実現するなら賭けは有効である．あなたが最後から2番目のページまで読んだ時点で，あなたは私に賭け金を支払う．そのうえで，最後のページまで読んだら，あなたは賭け金の2倍の金額を手にすることになる．もし，最後まで読まなかったなら，あなたは賭け金を失う．こちらの賭けは，先のものよりも，かなり魅力的に見えるのではないだろうか．むしろ，賭けをしていることが，あと1ページ読むことの励みになるかもしれない（わるいが，私には，実際にそんな賭けをもちかけるつもりなどないが）．

　ここで，p を「あなたがこの本のすべての章を読む」であるとし，q を「あなたがこの本の最終章の最後から2番目のページまで読んだ」であるとしよう．先の1つ目の事例では，P(p)（条件つきでない確率）についてのあなたの見立てが，あなたが賭けに参加するかどうかに影響を与えると考えられる．しかし，2つ目の事例では，重要なのは P(p, q) についてのあなたの見立てである．（以降でも手短に触れるが，実際には双方の事例で，あなたが考えた確率は条件つきだったと考えられるかもしれない．1つ目の事例では，あなたは，後々に間違いだとわかるかもしれないことを背景的に前提している．例えば，あなたは，2章以降が1章と同じくらい面白いと予想している，といったように．こうした背景的な前提のすべてをひっくるめて，b と表すことにしよう．すると，最初の事例であなたが考えていた確率は，P(p, b) であったと考えられるかもしれない．2つ目の事例についてはどうだろうか．先に進む前に考えてみよう．）

3.2　論理的確率とは何か

　それでは，確率の観点から，論理的含意関係をどのように表すかについて考えてみよう．q が p を含意するとする（ここでは p も q も矛盾〔いかなる解釈のもとでも，偽となる文〕ではないとする）．P(p, q) はどのような値をとるだろうか．答えは，含意関係を論理的可能性（あるいは論理的必然性）の観点から考えることで明らかになる．というのも，q が p を含意するということは，q が真であるときに，p が偽であることは（論理的に）可能でないということにほか

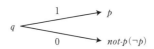

図3.1　qがpを含意するときのqが真である論理的に可能な世界におけるpの結果

ならないからである.そして,いかなる命題についても可能な真理値は2つ(真か偽)しかないので,P(p, q)の値は1であるということになるだろう.

上の説明でピンとこないなら,古典的な解釈に関する議論でもちだされた図を思い出すとよい.P(p, q)の値を考えるときに私たちが考えているのは,qが成り立っているような状況である.つまり,qは「所与」である.そして,一般にpがとりうる値は2つである.要するに,論理的に可能なすべての世界で,pは真か偽のいずれかである.そこで,問題の図の矢印の横に値を入れるため,q(「所与」の状況)が真であるような論理的に可能な世界(論理的に可能な世界とは,論理法則が破られていない世界のことだ)のうち,どれだけの世界で,pが偽であるかを考えればよい.含意の定義からして,そのような世界はないと言える.なので,下側の矢印の横には,0と記入しなければならない.ということは,上の方の矢印の横には1と記入することになる(pの可能な値が真か偽のみであると前提すれば,「qが真であるとき,pが偽であることは可能でない」ということは「qが真であるとき,pは必然的に真である」と同値である).

同様の考え方から,確率の論理的解釈によれば,qがpと矛盾するときはP(p, q)の値が0であるということがわかる.これを理解するには,qがpと矛盾するというのが,qがnot-p(以下では,$\neg p$と書く)を含意するのと同じであるということを思い出しさえすればよい.そして,qが$\neg p$を含意するとき,P($\neg p, q$)は1であるから,P(p, q)は0でなければならないというわけだ.要するに,qが真であるすべての世界で$\neg p$が真であるなら,そのようなすべての世界で,pは偽でなければならないということだ.

次に問うべきは,当然,「qがpと無関係であるとき,P(p, q)はどのような値をとるか」ということだろう.例えば,pを「イギリスで一番高い山の山頂は,海抜978 mである」とし,qを「ダレルの目は青い」としよう.これらは真だが,(当然ながら)完全に無関係だ.つまり,qはpの証拠ではないし,p

も q の証拠ではない．では，q が真であるような，論理的に可能な世界を考えてみよう．これらの世界の大半で，p が真であるなどと言えるだろうか．そうではないだろう．それでは，これらの世界の大半で，p が偽であるとは言えるだろうか．こちらも，そうではないだろう．なので，$P(p, q)$ は 1/2 だと結論づけるのがよさそうだ．これが唯一残された選択肢なのだから．（付録 A でも見るが，一般に p が q と独立であるときは，$P(p, q)$ は $P(p)$ と等値である．したがって，$P(p)$ が 1/2 であるとき，p と q が独立であるなら，$P(p, q)$ は 1/2 である．条件つきでない確率をどのように表すかは，次の節で見る．）

残るは，ルドルフ・カルナップ（Carnap 1950）が導入した言葉をかりれば，q が p を部分的に含意する場合である．q が $\neg p$ よりも p を部分的に含意するなら，$P(p, q)$ は，1/2 より大きく，1 より小さい．また，q が p よりも $\neg p$ を部分的に含意するなら，$P(p, q)$ は 1/2 より小さく，0 より大きい．どちらの場合も，$P(\neg p, q)$ が $1 - P(p, q)$ となることには注意してほしい．あるいは，別の言い方をすれば，p と not-p のいずれかは真なので，$P(\neg p, q) + P(p, q) = 1$ である．

$P(p, q)$ が 1/2 よりずっと大きいと思われる例を見てみよう．

q：1000 人の性的健常者が，Ａタイプの錠剤を１年間毎日飲み続けた．その年，すべての被験者は妊娠をしなかった．

p：メアリーは，Ａタイプの錠剤を毎日飲むかぎり妊娠しない．

1 つ目の情報 q は，Ａタイプの錠剤が避妊薬であることを示唆しているように見える．実際，医療実験でこのような結果が得られるということは想像できる（ある時点で錠剤を飲み忘れ，妊娠した人は除外したとしよう）．しかし，ここでは，q が医療実験について何も語っていないこと，そして，p を疑わしいものにする新たな情報が現れうるということを忘れてはいけない．例えば，次のことが発覚したとしよう．

r：q で言及された被験者は，すべて男性であった．

いまや，p を支持する証拠も，これに反する証拠もないように見える．ピーター・アキンシュタイン（Achinstein 1995）という科学哲学者は，さらに過激な提案をしている．彼によれば，r が発覚すると，P(p, q) が 1/2 よりとても大きいということはないということまでわかってしまうというのだ．彼の見解によれば，q が p の証拠である程度というのは，論理的な問題ではまったくない．むしろ，q が p（あるいは $\neg p$）を支持するかどうかというのは，経験的探究の問題だというのだ．しかし，論理的見解の支持者の自然な応答（あるいは，少なくとも，応答の取っ掛かり）は，P(p, q) と P$(p, q \& r)$ を混同するなというものだ．P$(p, q \& r)$ の値から，必ずしも P(p, q) の値についての示唆が得られるわけではない．新たな情報を得たなら，p が真であるかどうかを測るのに有用な別の条件つき確率を考えればよい．ただそれだけのことだ．

3.3 論理的解釈における条件つき確率と条件つきでない確率

論理的解釈では，純粋にそれだけで成り立つものとして，あるいは，無条件のものとして確率をとらえることは，ほとんど意味をなさない．そのため，例えば「中国はおそらく，世界最大の経済大国になる」という命題について語ることは，これが文字通りに理解されるなら意味をなさない．確率が含意の部分的な程度を表すのだという論理的解釈のアイディアを踏まえれば，これは驚くようなことではない．「p は部分的に含意される」とくれば，「何に？」と聞きたくなるであろう．これは，「p は含意される」と言われたら「何に？」と返したくなるのとまったく同じである．ケインズは，この考え方を的確に表している．

　どんな場所も，内在的に離れているということがありえないように，いかなる命題も，それ自体で，起こりそうであったり，そうでなかったりするのではない．そして，ある言明の確率は，得られた証拠，いわばその確率の参照元になっているものによって変化する．「b は等値である」とか「b はより大きい」と言うのが無意味であることと同じように，「b は起こり

そうだ」というのは無意味なのである. (Keynes 1921: 6-7)

　したがって, 論理的解釈の観点から物事を考えているときは, 正確に言って何が「所与」なのか, あるいは, 問題となる条件つき確率の式の右辺の背景条件として, 何が理解されているのかに注意しなければならない. 例えば, ある人が哲学のゼミについて(誠実に)「たぶん行くよ」と言うときは, 普通, その人の個人的な背景情報をもとにして発話しているのだ. そして, 後になってその人が「やっぱたぶん行けないや」と言ったなら, それはその人の背景情報が変化したからであろう. その人は, 例えば, 具合がわるくなったとか, 好きな人とデートに行けそうだとか, 何か新しいことを知ったのかもしれない(大体の場合デートは哲学のゼミよりも良いものだ. これは信じてよい).

　だが, 条件つきでない確率を条件つき確率で定義することはできる. 例えば, ポパーが提案したうまい方法は, p の条件つきでない論理的確率をトートロジー T を条件とした p の論理的確率として定義するというものだ(論理学に慣れていない人のためにトートロジーの例をあげておこう. 例えば, $\neg(p \ \& \ \neg p)$, あるいは, 「p も not-p も真であるということはない」とか $p \lor \neg p$, あるいは, 「p か not-p のいずれかが真である」などはトートロジーだ. これらは, それぞれ無矛盾律, 排中律と呼ばれる. そして, これらはすべての論理的に可能な世界で真である). つまり, ポパーによれば, P(p) は P(p, T) を表すと理解するべきである. 数学的には, 「P(p, T)」を「P(p)」と書き表すことに問題はない.

3.4　論理的可能性と信念

　先に進むまえに, 論理学が私たちの信念とどのように関わるのかを考えておこう. なぜこれについて考えるのかというと, ミスリーディングではあるが, 私たちが何を信じるべきかだけに関わるものとして, 論理的解釈を語る人がいるからである. ケインズでさえ, 以下の箇所では, このミスを犯しているように見える.

前提を命題の集合 h からなるとし，結論を命題の集合 a からなるとしよう．すると，h についてのある知識が a への程度 α の合理的信念を正当化するとき，a と h のあいだには，程度 α の確率関係があると言える．(Keynes 1921: 4)

ここでは，先に見た含意や部分的含意などの論理的関係に関する説明とは表現が異なっている．しかし，ケインズが次の部分で説明しているように，彼のアイディアは，何を信じるのが合理的かということに論理的関係が制限を加えるというものである．

最も基礎的な意味での[「確率」]とは，[…]2つの命題の集合のあいだの論理的関係を意味する．[…]このことからわかるのは，「ありそうだ」という用語には，合理的な信念の度合いに適用される[…]ような意味があるということである．(Keynes 1921: 11)

ここで言われていることの基本的な考え方を理解するために，もう一度含意関係について考えてみよう．ケインズの見解によれば，p が q を含意するとき，私が p と $\neg q$ がともに真であると信じているなら，私の信念は不合理だということになる．なぜか．この場合，私は，p が真で q が偽であることが不可能だということを見のがしていることになるからである．

　それでは，ケインズの言う「合理的な信念の度合い」とは何のことなのだろうか．これについては，次の章でくわしく見ることになる．ひとまずは，「合理的な確信(confidence)の度合い」とでも見なしておいてほしい．つまり，p が真であることと p が q を含意することを知っているなら，q が真であることを完全に確信するのは合理的である．ここで，q が真であることにそれほど確信がないのなら合理的だとは言えない．同様に，p が程度 r で q を部分的に含意し，p が真であることを知っているなら，q が真であることについて，r と異なる程度の確信をもつべきではない．以上がケインズの見解である．

　しかし，確率の論理的解釈を採用しながら，ケインズによる合理的な信念の度合いの説明に反対することもできるということには注意してほしい．例えば，

証拠なしに何かを信じることは，ときには(例えば，実用的な利益があるときなど)合理的になされるかもしれない．パスカルの賭けが良い例だ．これは，大まかにいえば次のようなものである．神の存在を信じていれば，もし，神が存在するなら素晴らしい利益(例えば，天国に行けるとか)を享受することができるが，もし，神が存在しなくても，損をすることはない．また，神の存在を信じていないなら，もし，神が存在するなら，ひどい罰(例えば，永遠の地獄に行くとか)を受けることになるが，神が存在しないとしても得られるものは何もない．だから，神の存在は信じるべきだ．もし，自分が神を信じるか選べる立場にあるなら——選べない立場にあってもおかしくはない——上の議論を真剣に考える価値はある(この議論に別の問題があるということはありえる．例えば，神の存在を信じているのに神が存在しないとしたら，教会で過ごす時間が無駄になってしまう．だがそれでも，上の事例は，ある種の状況のもとでは，純粋に実用的な理由から信念が合理的でありうるということを示している)．

あるいは，反対まではしなくても，確率の論理的解釈を受け入れながらケインズの主張を弱め，確信の度合いは，部分的含意の程度やそれに類するものと，おおよそ同じであると考えることもできるかもしれない．いずれにせよ，選択肢は無数にあるが，これ以上掘り下げるのはやめておこう．この章の主題は確率の論理的解釈なのだから，それが依拠する(とされている)論理的関係に集中するべきだ．

3.5 論理的確率を測る

ここまでで，確率に関する論理的見解の基礎を確認し，ある特殊な状況(例えば，含意関係が明らかであるような状況)における論理的確率の値を明らかにした．しかし，部分的な含意関係がわかっているときに，論理的確率の値をどのように算出するかということは明らかになっていない．例えば，先のメアリーのシナリオを思い出してみよう．$P(p, q)$ は，正確には，どのような値をとるだろうか．

実際に考えてみると，この問いに答えを与えるのはかなり難しい．なので，

ここでは，そのような確率の値の算出にどのように取り掛かれば良いかを一般的な仕方で示すにとどめよう．ここでも，ケインズによる説明を見ることにする．この説明が最も影響力をもち，周到であり，体系的であることがわかっているからである．

ケインズによれば，私たちは，直観ないしは洞察によって確率関係を認識することができる．ここでケインズは，私たちに，命題間の関係を把捉する，ある種の超感覚的な能力があると考えているように見える．これを聞いてちょっと理解しがたいと思うのは自然だ．しかし，もう少し検討してみよう．

> 学生2　僕は，自分にそんな能力があるとは思えません！ 自分の知識は自分の経験からきてるに決まってます．
>
> 学生1　でも，ケインズがそれを否定する必要は必ずしもないですよね？
>
> ダレル　どうしてそう思うんだい？
>
> 学生1　まず，私たちが命題間の関係を把捉できるということは，経験なしに，命題が理解できる——うまい表現が見当たらないのですが，命題の意味するところがわかる——ということとは違いますよね．「空が赤い」とかはいい例だと思うんです．経験なしに，その意味はわからないですよね．
>
> 学生2　なるほど，そうかもしれないね．ケインズは，ある程度までは，経験主義をとることもできたってことだね．
>
> ダレル　実際，少なくともその点に関しては，ケインズは経験主義者だったんだ….
>
> 学生1　それならなおさらですよ．非論理学的な知識の根拠について考えてみましょう．いま言った理由から，洞察によって「赤い何かが見える」みたいなかなり基礎的な事実を知ることはできないですよね．これは，経験の問題だと思います．
>
> ダレル　そうだね．だから，ケインズも実際にそうだったと思うんだけど，まず，君の言う「基礎的な事実」，あるいは，私の言うところの「観察言明」による経験的基礎づけに始まり，それをもとに，合理的な

洞察によってさらなる知識へ上昇していくと考えることもできるよね.
これは, 理論と現実の「観察言明」, 理論と可能な「観察言明」, ひいて
は, (可能的であれ現実的であれ)さまざまな「観察言明」のあいだの関
係を把握する能力とも言えそうだ.

学生2　具体例が欲しいな.

学生1　もちろんあるわ. 経験から「白い」と「白鳥」の意味がわかっ
ていれば, 「白くない白鳥が存在する」ということが「すべての白鳥は
白い」ということを反証することがわかるかもしれない. だけど, 経験
がなければ「白くない白鳥がいる」が真であるかどうか, そして, それ
ゆえ「すべての白鳥は白い」が偽であるかどうかはわからないよね.

ダレル　なるほどね. 含意関係が関わるからその例は比較的議論の余地
がなさそうだね. ケインズは, 部分的含意が関わる事例でも, 似たよう
なものがあると考えているんだけどね.

実際, ケインズは「もし, 命題の真理性や論証の妥当性が, 直接認識されなけ
れば, 先には進めない」(Keynes 1921: 53, f. 1)と述べている. ただ, 彼は, すべ
・・
ての確率関係が直接的に認識されると考えているわけではない. それどころか,
確率関係はしばしば計算されるものであって, そのために, ある特別な原理,
すなわち, 無差別の原理(principle of indifference)を用いることができると考
えていた.

　ケインズの見解によれば, 同じことが通常の含意関係にも言える. それらの
中には, その成立を簡単に見抜くことができるものもある. 例えば, 「ティム
は黒いウサギである」は「ティムはウサギである」を含意する(より形式的に
は, $p \& q$ は q を含意する). しかし, それ以外の含意関係については, 前段
落の引用の続きを引けば, 「命題が真であることを知らせてくれる論理的証明」
を用いなければならない. そして, 「それらは, 完全に, 私たちによる直接的
な洞察を超え出ている.」例えば, より複雑な含意関係の事例では, 真理表を
用いなければならないだろう.

　例をあげよう. 「p if and only if q は真ではない」が「either p or q」を含意
するかどうかを考えてみよう. 表3.1を用いれば, その答えがわかる. (論理

30

表3.1　$p \oplus q$ と $\neg(p \leftrightarrow q)$ の真理値表

p	q	$p \oplus q$	$p \leftrightarrow q$	$\neg(p \leftrightarrow q)$
T	T	F	T	F
F	T	T	F	T
T	F	T	F	T
F	F	F	T	F

学にくわしくない人のために，専門用語の説明をしておこう．「…⊕…」は，「…か…のいずれか」という，排他的な意味での「または」を意味し，「両方とも」という状況が排除されている．「…↔…」は，「…であるのは，…であるとき，かつそのときのみである」を意味する．したがって，「$p \oplus q$」は，「p か q のいずれか（であり，p かつ q ではない）」を意味し，「$\neg(p \leftrightarrow q)$」は，「$p$ であるのは，q であるとき，かつそのときのみである，ということはない」を意味する．）それぞれの行（水平方向に伸びている）はすべての言明の可能な真理値の集合を表している．つまり，これらの4つの行は，すべての可能性をつくしていることになる．ここで，1つ目の行を考えてみよう．この行が示しているのは，p が真（T）であり，q も真（T）であるとき，問題の言明——すなわち $p \oplus q$ と $\neg(p \leftrightarrow q)$ ——がともに偽（F）であるということである．次に，2つ目の行では，p が偽で，q が真であるような状況を考える，といった具合に進めていけばよい．

　以上の考察から，表3.1をもとに，$\neg(p \leftrightarrow q)$ が真であるときはいつでも，$p \oplus q$ が真であり，逆もそうであるということがわかる（双方の言明が真である可能性としては，2つ目の行と3つ目の行が考えられる．その他の行では，どちらの言明も真ではない）．以上より，実際に，これらの言明は互いを含意する．さらに，一方の言明が偽であるときは，もう一方が偽であるということもわかる（実際，それぞれの言明の列の各欄の値は，それぞれ同一である．これは，2つの言明がすべての可能な状況で同じ真理値をもつということを意味する）．それゆえ，両言明はよりいっそう強い関係にあるということになる．つまり，両言明は，論理的に同値である，あるいは，同じことを言っている．しかし，論理学の経験を積んでいなければ，このことは明らかには思われないだろう．上のものより複雑な例をつくることもできる．中には，熟練の論理学者

31

でさえも，真理値表や他の証明方法を用いなければわからないような事例もあるだろう．これが上の例のポイントである．この例で私たちは，証明なしに含意関係を見抜くことができない．だから，論理学を学んだことのない人も，上の証明の細かな部分が難しく感じられたからといって気をもむ必要はないのである．

さて，ある2つの言明のあいだに成り立つ部分的含意関係がどのようなものであるかを決定するときには，上のような真理値表を用いることはできない．むしろ，このようなときには，先に触れた特別な原理が必要である．ケインズは，このことを次のように述べている．

> 無差別の原理とは，次のことを主張するものである．もし，いくつかの可能性の中で，ある1つの主語に述語を割り当てる知られた理由がないのであれば，その知識に照らして，それぞれの可能な主語についての主張には，同じ確率が与えられる．それゆえ，異なる値を割り当てる積極的な根拠がないならば，それぞれに，同じ確率値が割り当てられなければならない．
> (Keynes 1921: 42)

1から10の整数から1つの数字を選ぶとしよう．私が5を選ぶ確率はどうなるであろうか．ここでは，私が他をさしおいて特定の数字を選ぶと考える理由はない．したがって，無差別の原理によれば，それぞれの可能な結果に同じ確率値を割り振るべきである．ここでは，全部で10種類の可能な結果があるので，それぞれの確率値は1/10ということになる．簡単なことだ．実際，標準的な論理学的証明をするよりよっぽど簡単である．少なくとも，一見したところ，そう思われる．（このやり方は，直観的にももっともらしい．例えば，私は，就職試験で4人の候補者の中から選ばれた利口で教養のある人——まあ大学の同僚だが——が，「私は，職を得る1/4のチャンスをものにしたんだ！」という言い方をするのを聞いたことがある．しかし，これは正しいのだろうか．）

3.6 論理的解釈の問題点

確率の論理的解釈がかかえる最も深刻な問題は，まさに，上で論じた問題，すなわち，どのように論理的確率の正確な値を算出するのかということである．先の定義のもとで，論理的確率を測ることができないということになれば，それをきっかけに，そんなものがそもそも存在するのかという疑念が生じてもおかしくはない．とくに，命題間に成り立つ，程度をもった部分的含意関係などが，あるいは，そもそも部分的含意関係なるものが存在するのかということは，疑う余地がある．

根本的な問題は，無差別の原理が，諸可能性をどのように切り分けるかについて，何も語らないということにある．この点については，私の学生時代に良い例がある(以下は真実である．つまらない青春時代をすごしたものだ！)．当時，私は，エントロピーと統計力学の講義——たしか，当時の講師の話では，どうして無秩序な状態の方が秩序だった状態よりも起こりがちであるのかといった内容だったと思う——に出席しており，新しいことを習っては，飲み屋でそれを自慢げに話していた．ある日，いつもの飲み屋で，常連客の裕福な弁護士と口論になり，最終的に賭けによって決着をつけることになった．私が提示した条件は，5枚のコイン(賭けにコインを使うというアイディアは，講義から得たものである)を投げ，表が2回か3回だったら，私が5ポンドをとり，それ以外の場合は，相手が5ポンドをとるというものであった．そして，どちらかがやめたいと言うまで，賭けを続けるという条件も付け加えた．弁護士は勇んで賭けを受け入れた．そして負け始めた．しかし，彼は，私の運が良いだけだと確信しており，結局，飲み屋が閉まるまで，1時間以上賭けを続けることになった．最終的に私は，全部で60ポンドほど勝って，集まってきた野次馬たちにたくさんの酒をふるまった．なかなか割の良い小遣い稼ぎであった．弁護士は，私の種明かしを聞いても，最後まで自身の不運さを嘆き続け，次に会うときもまた賭けの続きをやろうと言ってきた．しかし，私は，その賭けを続けることに罪悪感を抱いていたので，丁重にお断りした(この件で私が損をしたことといえば，次の日，二日酔いで苦しんだことくらいだ)．

さて，上の事例では，何が起きていたのだろうか．単純に言えば，弁護士は，私とは異なり，ケインズの言うところの分割可能な結果に同じ確率値を割り当てていたのである．つまり，弁護士は，次のように考えていたのだ．

表が5回	可能性1
表が4回	可能性2
表が3回	可能性3
表が2回	可能性4
表が1回	可能性5
表が0回	可能性6

彼は，すべての結果に対して，同じ確率値，1/6を割り振っており，私の方が負けるだろうと考えていたのである．より具体的には，可能な6つの結果のうち，2つで私が勝つことになるので，私は3回に1回程度しか勝てないであろうと考えていたのだ．ませた若者をだまらせてやろうと意気込んでいたに違いない．

しかし，私の方は私の方で，ちゃんと勝算はあったのだ．というのも，彼と違って私は，分割不可能な結果をしっかりと見極め，それらに同じ確率値を割り振っていたのだ(少なくとも，コインが立つ可能性を無視して，裏か表が出たら決着がつくものとしてこの賭けが考えられていたのであれば，これらの結果は分割不可能である．これは暗黙のルールだ)．より具体的には，私は，先にあげたそれぞれの結果が起こる仕方にも気を配っていたのである．これがどういうことか理解するために，次を考えてみよう．以下では，Hは「表(Heads)」を表し，Tは「裏(Tails)」を表す．

HHHHH	5回表が出る可能な結果は，1種類ある．
HHHHT	
HHHTH	
HHTHH	4回表が出る可能な結果は，5種類ある．

34

HTHHH

THHHH

TTHHH

THTHH

THHTH

THHHT

HTTHH   3回表が出る可能な結果は，10種類ある．

HTHTH

HTHHT

HHTTH

HHTHT

HHHTT

　上で現れるHとTを置き換えればわかるように，「2回表が出る」可能な結果は10種類あり，「1回表が出る」可能な結果は5種類，「表が出ない」可能な結果は1種類ある（数学では，「2回表が出て，3回裏が出る」のような結果は，組み合わせと呼ばれる．「HHTTT」は，この組み合わせのうちの1つの順列である．簡単に言えば，順列では順序が問題になるが，組み合わせでは問題にならない）．したがって，私からすれば，「2回表が出る」か「3回表が出る」確率は5/8であり，先の賭けは，私に有利になるように仕組まれていたのだ．私の運が良かっただけだということもありうるが，実際に私が多くの賞金を勝ち取ったという事実が，私が正しかったということを示しているのではないだろうか（実際，確率に関する弁護士の見解が正しかったとして，私が賭けに勝つ確率を計算することは可能である．このためには，私たちが行った賭けの回数とそれぞれの結果が正確にわからなければならない．当然ながら，ビールを飲みすぎて，そんなことは覚えていないが）．これについてのさらなるテストを手伝ってくれる人がいるなら受けて立とう．お金を稼ぎたいだけでももちろんかまわない．羽振りの良い友だちがいるなら，ぜひ連れてきてほしい．参加者は多ければ多いほどいい．

ケインズなら，分割不可能な結果についての私の見解は正しいと言うだろう．そうでないと，無差別の原理が，先の賭けで私が勝つ確率が2つの異なる値，1/3（弁護士の見解にもとづいた値）と5/8（私の見解にもとづいた値）をもつという，パラドキシカルな帰結をもつことになってしまう．弁護士の見解が正しく，私の見解が間違っていたのだと考えれば，この問題を避けられると考えることもできるかもしれない．しかし，この方策の問題点は，確率が関わる事例には，しばしば，可能性を切り分ける，互いに相いれない方法があるということである．例えば，私がウサギを買いに行くときに，ある人に，私が黒いウサギを買う確率を問うてみるとしよう．その人は，「黒いウサギを買う」と「黒くないウサギを買う」を2つの可能性と考えることができる．しかし，「黒いウサギを買う」と「茶色いウサギを買う」と「黒でも茶色でもないウサギを買う」という3つの可能性を考えることもできる．他の可能性の切り分け方もあるだろう．確率に関する1つの問いについて，無差別の原理から，さまざまな確率値を得ることができてしまうのだ．

　ここで，私が勝ったのだから，ケインズは正しいと結論づけたくなるかもしれない．しかし，これは間違いであろう．結局のところ，コイン（あるいはコインを投げる手続き）に偏りがあったかもしれない．あるいは，私が（無差別の原理を発見的装置として用いて）正しい世界ベースの確率を推測したということかもしれない（以上のような場合でも，私はゲームの無限の系列において，5/8の割合で勝っただろう）．要するに，この事例では，これらの可能性に，私が運良く同じ確率値を割り振っただけかもしれないのである．例えば，偏りのあるサイコロを振るときのような別の可能性について，私が同じことをしたら，それはひどい間違いであろう．そして，おそらく，私は負けていただろう．

　それでは，分割不可能性にうったえれば，可能性をどう切り分けるかという問題は解決されるのだろうか．そうではないように思われる．というのも，分割不可能性にうったえても，可能性が無限個あるような事例や，分割不可能な可能性の集合がユニークではない事例を扱えないからだ．このことは，ホライズンのパラドックスを考えるとわかりやすい．このパラドックスは，数学者ジョセフ・ベルトランが提示したパラドックスの1つで，ケインズが確率の論理的見解を確立する約30年前に考案されたものである．

空間内のある平面を考えよ．これをホライズンと呼ぶことにする．ここで，これと交差する別の平面が無作為に選ばれるとする．この平面がホライズンとのあいだにつくる角度が 45 度未満である確率はどれくらいか？

（上の事例は，ベルトランのものと少しだけ異なる．ベルトランの例では，任意の平面が選ばれる．この条件だと，ホライズンと平行な平面が無限にあることになるが，これは，問題を余計にややこしくするだけである．実際のところ，ベルトランも，自身の計算では，ホライズンと平行な平面を無視しているように見える．そのため，ここでは「交差する平面」とする．）角度は，θ で表すとしよう．θ は，$0°$ より大きく，$90°$ 以下であるとする．したがって，この範囲におさまるどの値も同様に可能である．ところで，なぜ，$\cos(\theta)$ を考え，それがとりうる値が同様に可能だと考えてはいけないのか．これについて考えてみよう．

学生1　θ を用いる方がより自然だからですよね？

学生2　君にとってはそう見えるかもしれないけど，それは，たまたま君が，いや，みんなそうだとは思うけど，そういう風に数学を習ったからではないかな？

学生1　それはいいポイントだと思う．何が自然かは慣習によるよね．

ダレル　そうだね．実際，ベルトランは，コサインを用いることを支持する議論も与えているんだ．だけど，そこまで踏み込む必要はなくて….

学生1　本当の問題は，上で見たようなパラドックスのすべてで，あるいは少なくとも，そのほとんどで通用するような自然な尺度があるのかってことですものね．

ダレル　その通り．

学生2　昨日，水とワインのパラドックスっていう別のパラドックスについて読んだんですよ．水とワインのパラドックスっていうのは，次のようなやつです．ある液体があるとします．そして，この液体が水とワインだけからなっていることと，その液体には，水とワインのうち一方

が多くてももう一方の3倍の量しか入っていないということだけがわかっているとします. このとき, 水の量がワインの量の2倍以下である確率はどれくらいでしょうか.

学生1　ワインに対する水の比率と水に対するワインの比率を考えることができて, それぞれで別の答えを考えることができるってことかな?

学生2　そう! どっちの比率を考える方が自然なのかな.

学生1　なるほど. どっちかがより自然っていう答えはなさそうね.

ダレル　そうだね. ただ, それについては, ちょっと前にミケルソンの論文(Mikkelson 2004)を読んだんだけど, 比率ではなくて, 量で考えるべきだって論じられていたよ. 彼の基本的なアイディアは, 量の方が主要で, これにもとづいて比率が決まるというものだ. あるいは, もうちょっと正確に言うと, (a)量の変化が比率の変化に寄与し, (b)量がなければ比率もないってことだね.

学生2　まだよくわかっていないのですが, それで, 具体的にはどのように計算をすればよいのですか?

ダレル　ミケルソンが言うには, 2種類の液体が, 原油と水みたいに, 混ざり合わないものだとして, 問題の液体をメスシリンダーに流し込んだら, どこにそれらの液体の境界線がくるかということを考えればよい.

学生1　なるほど. そうすれば, 全体の液体の量に関係なく, 答えは同じになるはずですね. メスシリンダーであれば, 何を基準にするかを考える必要はないですものね!

ダレル　そうだね. これはとてもうまい方法だと思う.

学生2　しかし, それしか解決方法はないのでしょうか.

ダレル　実際, これ以外にも方法はあるよね. 基本的に, ミケルソンはいずれの比率によって定義されても同じ値をとるような変数について議論するようにしていた. だけど, そのような変数は, 1つではないよね. そういう変数は無限にあるから.

学生2　では, おそらく, それが唯一の自然な解決法だということなのでしょうか.

学生1　正直言うと, 「自然である」っていうのが何を意味するのか,

あまりよくわからないんだよね．ここではいま言っていた方法が，物理的な観点からつじつまが合っていて，かつ，最も単純な解決法だとは思うのだけれど….

ダレル　たとえ，今の方法が唯一自然な解決法だったとしても，他に重大な懸念があるんだ．ミケルソンが先の問いの中で出てきた情報しかつかえなかったとしたら，あるいは，彼が，何らかの背景知識を密輸入して，そこで問われていたのとは異なる確率関係を考えていたのだとしたら，ということを考えてみてほしい．つまり，その液体には水とワインだけが含まれていて，一方の量はもう一方の量の3倍以下だということしか知らないときに，ミケルソンみたいな答えを出せるのかな．

学生2　厳密には，数学や論理学など，他の知識を僕たちがもっているということを許容しないといけないのではないでしょうか．

ダレル　それはその通りだね．

学生1　でも，それらは，ミケルソンが用いた物理学的知識とは異なりますよね．

ダレル　そういうことなんだよ．彼が用いた物理学的知識は，問題の問いに含まれていなかったように思われる．ここで，「ワイン」や「水」という言葉が傾向性を含意するということを受け入れれば，ミケルソンにとって有利な方向に話を進めることができるかもしれないよね．つまり，何かが水であることを知っているということは，これこれの文脈でこれこれの仕方でふるまうという傾向性をもつことを知っていることだということを受け入れれば．

学生1　なるほど．ですが，あるものがあるカテゴリーに分類されることを知るために，それがどのような傾向性をもっているかをも知らなければならないというのは奇妙に思われます．

ダレル　そうだね．科学を額面通りに受け取るなら，中世の頃は知られていなかった傾向性が水にはあることになるよね．しかし，このことから，中世の人々が，目の前にあるものが水かどうかわからなかったと結論づけるのはおかしい．

学生1　そうですね．ということは，先の問いには現れなかったけれど，

ミケルソンが前提していた物理学的知識というのは，混合物の体積が，その成分がもし分離されていたら占めるであろう体積の和であるということですね．

ダレル　その通り！ そして，実際，体積を用いなければならない理由はない．「3倍以下」を，質量のように，体積以外の何かにもとづいて解釈することもできるかもしれない．

学生2　つまりはどういうことですか？

学生1　ミケルソンは自分の都合のいいように話を進めてしまったんだと思う．そして，問題の問いには，彼のような仕方で話を進めなければいけないとする理由はなかった．

ダレル　私もそう思うよ．この点については，5章で客観的ベイズ主義について議論するときに戻ってくるよ．客観的ベイズ主義は論理的解釈の後継と見ることもできる．

　最後に，以上を受けてもなお，ある種の否定的な無差別の原理はもっともらしいということを付け加えておきたい．ケインズも述べたように，「2つの命題を区別する何らかの根拠があるかぎりは，両者が同様に確からしいということはありえない」(Keynes 1921: 51)．残念ながら，この否定的な原理は，それだけでは，いかなる事例においても，確率値が何であるか（何でないのかではなく）を明らかにするのに十分ではない．

3.7　部分的含意 vs. 部分的内容

　論理的確率を説明する際に，部分的含意という考え方を用いた．すなわち，q が p の証拠であるなら，q は p をある程度含意する，というものである．しかし，これとは少々異なる論理的確率の考え方がある．部分的含意ではなく，内容の観点から論理的確率を考えるというものである．とくに，ポパーは，ある時期，この見解を擁護していた．

　再び，演繹的論証と含意を考えてみよう．p が q を含意するとき，しばしば，q の内容は，p の内容を超え出ない，と言われる．例として，r を結論として，

$p \& r$ を前提にもつ論証を考えてみよう．ここでは，結論よりも，前提の方が多くの情報を含んでいる．つまり，妥当な論証においては，結論は，せいぜい前提と同じくらいの情報しか含んでいない．例えば，「p である，それゆえ，p である」を考えてみよ．

しかし，演繹的でない推論を考えると，状況が逆転することがわかる．結論は，常に，前提よりも多くの内容を含んでいる．例えば，「99% のウサギは茶色である．ティムはウサギである．それゆえ，ティムは茶色である．」を考えてみよ．ここで，結論では，ティムについて，前提で言及されていないことが述べられている．したがって，結論は，前提よりも多くの内容を含んでいると言える．

しかし，ポパーの主張は，次のようなものである．すなわち，前提「99% のウサギは茶色であり，ティムはウサギである．」は，「ティムは茶色である．」の内容をある程度含んでいる．そして，これが，前提が成り立つとしたときの結論の確率として理解される．実際，ポパーは，「92% の人間は死ぬ．ソクラテスは人間である．それゆえ，ソクラテスは死ぬ．」という，先の論証と同構造の例をあげ，この結論の確率は，0.92（あるいはそれに近い）であるとした．

確率関係を前提と結論のあいだで共有された情報の（直接的な）程度と考えながら，同時に，含意の程度とも考えると，両者のあいだに緊張関係が生じる．例えば，p を「ダレルは，40 歳のイギリス人男性である」とし，q を「ダレルは，40 歳のイギリス人女性である」としよう．これらの言明は矛盾している．したがって，私たちは通常，一方を前提するなら，もう一方の確率はゼロであると考える．というのも，どちらの言明も，もう一方の言明が偽であることを含意するからである．しかし，これらの言明は，双方が私が 40 歳のイギリス人であるということを述べているかぎりで，明らかに同じ内容を共有している．したがって，確率関係が第一義的には内容と関連づけて理解されるべきだという基本的なアイディアが守られたとしても，ポパーの見解は改良を必要とする．ちなみに，q にも含まれる p の内容の程度を測るもっともらしい候補は，$P(\neg q, \neg p)$ である．

この代替案は，主に，完全性のために含められる．これが，上で論じられた確率測量の問題を解決するうえで影響を与えるようには見えない．

文献案内

　論理的解釈についての文献のほとんどは，主題の性質上，上級者向けである．しかし，ギリース(Gillies 2000: ch. 3)は，わかりやすい中級者レベルの入門である．ケインズ(Keynes 1921)もまた，とても読みやすい．

4

主観的解釈

　前の章では，信念が程度をもちうるという考え方に触れた．そして，このことは，雑に言えば，ある人があることについて，他のことよりも強く信じることがありうるということとして理解された．私は，自分が教科書を書いたことを信じている．また，読者が，この本を楽しんで読むだろうとも信じている．しかし，無作為に選ばれた読者が，この本を楽しむということよりも，自分が教科書を書いたということをより強く信じている．したがって，私は両方を信じているが，後者に対して，前者に対するよりも大きな信念の度合いをもっているということになる．以上のような信念の度合いの違いは，私たちが真実でないと信じていることについても言える．例えば，私は，オバマ大統領が任期中に暗殺されないということを信じている．しかし，1と1の和が3でないということをより強く信じている．

　さて，主観的解釈は，微妙に異なる形式でブルーノ・デフィネッティ（De Finetti 1937）とフランク・ラムジー（Ramsey 1926）によって，提示されたのだが，この見解の背景にある基本的なアイディアは次のようなものだ．すなわち，私たちの信念の度合いは，ある特定の合理的な仕方で制限されるものであり，その合理的な仕方というのが，確率の公理に対応しているというものである．これは，一見すると，驚くべきアイディアに見える．しかし，これを擁護するための議論は，人間の賭けにおけるふるまいについての考察から，エレガントかつシンプルな仕方で与えることができるのだ．

4.1　ダッチブックと賭けでのふるまい

　あなたと私で，ある事象が起こるかどうかについての賭けをするとしよう．あなたの好きなスポーツ選手が次の試合で勝つかどうかとか，あるいは，あな

たの国のどこかで明日雨が降るかどうかとかでもよい．賭けの内容が決まったら，賭け金 S を決めなければならない．これは，賭けで動くお金の総額である．

ここで私は，問題の事象が起こる方に賭けるか，起こらない方に賭けるかを決める．（私が用いる「事象が起こる」という表現が簡便のためのものであること，そして，これが「言明が真である」という表現にすぐに翻訳できることに注意してほしい．したがって，賭けは命題あるいは言明についてなされるものであると理解することができる．例えば，マンチェスターユナイテッドが次の試合で勝つことに賭けることは「マンチェスターユナイテッドが次の試合で勝つ」が真であることに賭けることと同じである．）しかし，そのまえに，あなたは，賭け比率(betting quotient) b を決めなければならない．ここでは，賭け比率を次のように理解する．

1. 私が，問題の事象が起こらない方に賭けたら，あなたは私に bS 支払う．そのうえで，問題の事象が起こったら，私はあなたに S 支払う．
2. 私が，問題の事象が起こる方に賭けたら，あなたは私に $(1-b)S$ 支払う．もし，問題の事象が起こらなかったら，私はあなたに S 支払う．

つまり，b を決めるということは，その賭けの「オッズ」を決めることと同じである．オッズは，普通，$b/(1-b)$ のように，比率によって表現される．例えば，b の値として，1/2 を設定することは，問題の事象について「五分のオッズ」を設定することと同じである．この場合，賭けに勝てば，あなたは最初に払った額の倍のお金を手にし，負ければそれを失うというわけである．（読者の中には，b の値として 1 をとると，先に見たオッズの値が定義できないということに気づいた人もいるかもしれない．これは，ここでのルール設定の意図された特徴である．これについては，後で触れる．）

また，ここでは，あなたから見て公平に思われるシナリオを考える必要がある．このためには，たくさんの条件を加えなければならない．第 1 に，私が問題の事象が起こる方に賭けるのか，あるいは，起こらない方に賭けるのかについて，あなたは何の情報ももっていてはならない．さもないと，あなたは，自

分が有利になる(とあなたが思う)仕方で，オッズを決めてしまうかもしれない．例えば，私がサイコロの5の目が出るということに賭けようとしていることをあなたが知っているとしよう．さらに，あなたは5の目が出る確率は1/6であると考えている．このとき，あなたは5の目がもっと出やすいかのように，オッズを決めることができる．例えば，先に見た五分のオッズは，その一例であろう．すると，私が勝っても，私の賭け金は2倍になるだけだが，あなたから見れば，6回中5回は勝てるわけだから，損はしないと計算できることになる．あなたには有利で，私には不利な賭けになってしまうのだ．このことは，私が5の目が出ることに賭け続けることを前提したうえで，一連の試行の中で何が出ると思われるかに思いをめぐらせれば明らかである．

　より日常的な例もある．こちらは，偶然的な要素が一切含まれていないものだ．あなたが，車のセールスマンであるとしよう．もし，私がある特定の車を買いたいと言ったら，あなたは，その金額を提示するだろう．そして，もし私が，同じ車を売りたいと言ったら，あなたは，(より低い)別の金額を提示するだろう．このようなときに，あなたが実際にその車にどれくらいの価値があると考えているか，つまり，適正価格がいくらだと考えているかを引き出すためには，私は，それを買おうとしているのか，売ろうとしているのかをあなたに教えない方が良い．この場合，その車についての情報を聞き，金額を尋ねるだけにした方が良い．金額的な価値ではなく，賭けのオッズについて聞く場合も同じである．問題の事象が起こる方に賭けるのか，起こらない方に賭けるのかは言わず，問題になっている事象を特定し，適正なオッズを尋ねるだけにした方が良い．

　第2に，賭け金Sは，あなたにとってその賭けが魅力的にうつる程度には，高くないといけない．「魅力的にうつる」といっても，負けることに恐怖心を抱くほど高くてはいけないし，また，負けが気にならないほど安くてもいけない．私の見立てでは，多くの学生諸君には，5ドルから20ドルくらいがちょうどいいだろう．だが，100ドルだと高すぎるし，1セントだと安すぎる．負けを恐れすぎると，あなたは，自分のふところを守るために不公平なオッズを設定するかもしれない．(例えば，bを1/2にすれば，負けても失うお金はSの半額である．bをそれ以外の値にすると，より大きな損失の危険にさらされ

ることになる.) また, あなたが負けを多少は恐れないと, 単純に公平なオッズを選ぼうとしなくなってしまう. わざわざそんなことをする理由はないであろう.

他にも, 加えるべき条件があるかもしれない. 例えば, 問題の事象が起こるか起こらないかをあなたがコントロールできて(あるいは, 影響を与えられて)はならない. 私が起こらない方に賭けたら, あなたは, その事象が起こ(りやすくな)るようにはたらきかけることができてしまうし, 私が起こる方に賭けたら, その事象が起こらない(あるいは起こりにくくなる)ようにはたらきかけることができてしまうからだ. また, 賭けの結果は, 常識的な程度に, 近い将来にわかるものでないといけない. さもないと, あなたは, やり取りの金額を最小限にすませようとしてしまうかもしれないからだ. 考えれば, 重要な賭けの条件がもっと見つかるかもしれないが, ここまでにしておこう. さしあたりは, 公平な賭けのための詳細な条件を設定すると, それを実現するのが, 当初思われていたよりもかなり難しくなるということがわかればよい. この問題については, 後でまた触れる.

さて, いまや, 賭けのシナリオは整った. いよいよ, b にどのような値を割り振るべきか——より重要なこととして, どのように割り振らない方が良いか——を考えていこう. 手始めに, あなたが, 1 より大きい値を b に割り振ったとしよう. この場合, 私が, 問題の事象が起こらない方に賭けたなら, 何が起ころうとも私がお金を得ることになる. このことは, 私があなたに「ダッチブックを仕掛けた」と表現される. まず, あなたは私に S 以上の金額を支払わなければならない. そのうえで, 最悪の場合でも, 私は, あなたに S だけ支払えばよい. したがって, b は 1 以下でなければならないと結論づけられる. (負の値を「支払う」ということをどう解釈するのか, 気になる読者もいるかもしれない. これに対するストレートな答えは, 負の金額を支払うとは, その金額を支払われることだとするものである. したがって, あなたが私に $-S$ 支払うということは, 私があなたに S 支払うということである.)

それでは, あなたが b に負の値を割り当てたらどうなるであろうか. こちらの場合, 私が問題の事象が起こる方に賭ければ, あなたにダッチブックを仕掛けることができる. 最初に, あなたは私に S より大きい金額を支払う. そし

て，もし，その事象が起こらなかったとしても，私は S だけ払い戻せばよい．したがって，b は 0 以上でなければならないと結論づけられる．前段落の内容と合わせると，分別のある——あるいは，「合理的な」とも言える——賭けをするためには，$0 \leqq b \leqq 1$ でなければならないということになる．

b が満たすべき条件は他にもある．自分が賭けようとしている事象が起こることが，完全にわかっているとしよう．例えば「明日，地球のどこかで雨が降るか，地球のどこでも雨が降らないかのいずれかである」(これが偽であるのは，論理的に不可能である．同じ日に，雨が降り，降らないなんてことはありえない)という言明についての賭けを考えてみよう．これまでに見た条件を前提したうえで，b にどのような値を振るべきだろうか．もし，あなたが 1 以外の値を振るなら，私は，先の事象が起こる方に賭ければ必ず勝つことができる．あなたは，まず，$(1-b)S$ 私に支払う．これは，正の値である．その後，私があなたにお金を払い戻すことはない．件の事象が起こらないことはありえないからである．一方で，あなたが，b の値として 1 をとれば，私がその事象が起こる方に賭けても，あなたが私にお金を払う必要はない．あなたは，自分を守ることができるのだ．それゆえ，b が「確定的な事象」に関わるときは，b は 1 でなければならないと結論づけられる．(賭けを言明についてのものとしてとらえるなら，問題の言明が確実に真である場合，b は 1 でなければならない．)

驚かれるかもしれないが，私たちはすでに b が 2 つの確率の公理(確率の公理については付録 A を参照してほしい)を満たすべきであるということを示したことになる．1 つ目の公理は，確率の値は，0 から 1 のあいだにおさまらなければならないということを述べている．また，2 つ目の公理は，確実な事象ないしは言明の確率は，1 でなければならないというものである．同様の仕方で，他の公理を導くこともできるのだが，このためには，賭けの繰り返しを考えなければならない(その詳細に興味があるなら，ギリースの本(Gillies 2000: 59-65)を見るとよい)．

4.2 ダッチブック論証の問題

これまでに見たかぎりでは，ダッチブック論証——信念の度合いが確率の公

理にしたがうべきであるということを示す論証——はうまくいっているように見える．この論証は，賭けのシナリオという私たちの慣れ親しんだ状況から，思ってもみなかった結論を導き出す．しかし，ここで払拭しがたい疑念をもつ読者もいるかも知れない．例えば，すでに私たちは，賭けのシナリオを実際に実現するのが難しいかもしれないということを確認した．

　この実現可能性というものに，神経質になりすぎてはいけない．理論を実用化する際に理想化が必要になるのはよくあることだ．このことは，哲学や社会科学でそうであるように，物理学でも成り立つ．物理学の理論には，摩擦のない面や体積をもたない分子，質量をもたない物体などが登場する．しかし，ダッチブック論証とは異なり，物理学では通常，そのような理想化は明示的に示される．そこで，まずは，ダッチブック論証が依拠する隠された前提について，もう少し注意深く考えてみることにしよう．

　あなた(賭け手)が，私(賭けの相手)が何に賭けるかについてのいかなる情報ももたないという約束事についてはどうだろうか．このことから，あなたが偏りのない賭け比率bを選択するということが本当に導かれるのか．あなたが，どんな証拠ももたずに，私が一方に賭けるということに対する強い直感をもっていることがあるかもしれない．そして，この直感にもとづいて，あなたが，自身にとって公平でない賭け比率を選択することはありうる．私は，テキサスホールデムポーカーをやっているときに，ときどき，このような直感を用いる．こういうときは，見えているカードと残るプレイヤーの手の内から判断して，自分が負けそうだとわかっていても賭けることになる．

　しかし，これは不合理とは見なされないだろうか．問題の事象が起こるかどうかについての情報がないのなら，それについては中立的なまま，それぞれの可能性(つまり問題の事象の生起と不生起のそれぞれ)について，同じ信念の度合い(あるいは確率)1/2を割り当てるべきなのではないだろうか．問題は，主観的見解の支持者はこれを認めたがらないだろうということである．上の方法は，要するに，無差別の原理を適用するというものに見える．しかし，この原理は，前の章において，論理的解釈に関する議論の中で批判されたものだったはずだ．

　ここで主観的見解の支持者は，無差別の原理を適用する代わりに次のように

48

言いたいはずだ．私がどのように賭けるかについてのあなたの信念の度合いは，それが確率の公理を満たすかぎりは合理的である，と．つまり，こういうことである．(a)「私がその事象が起こる方に賭ける」というあなたの信念の度合いと，(b)「私がその事象が起こらない方に賭ける」というあなたの信念の度合いの和が 1 であり，あなたが，(c)私が，確実に，その事象が起こる方か起こらない方のいずれかに賭けるということを前提しているのなら，あなたは合理的である．（大方の主観主義者は合理性についてこのような主張をするが，中には次のことまで主張する主観主義者もいる．すなわち，いかなる人間も定義によって真かつ／あるいは論理法則によって真であるトートロジーではない事柄について，信念の度合い 1 をもつべきではない．また，いかなる人間も，定義によって偽かつ／あるいは論理法則によって偽である矛盾ではない事柄について，信念の度合い 0 をもつべきではない．これは，まっとうな主張に見える．自身のもつ情報の全体と整合する可能性をわざわざ除外するのは利口だとは言えないだろう．しかし，「(a)と(b)は 0 でも 1 でもない」という制約を付加することは，ここでは意味をなさない．)

　それでは，問題のシナリオを次のように修正するのはどうだろうか．あなたは，私が問題の事象が起こる方に賭けることと，そうでない方に賭けることをそれぞれ同じくらい強く信じている．残念だが，この方法も役に立たないと思われる．このようにシナリオを修正すると，私たちが信念の度合いを信頼できる仕方で測れるかが疑わしくなる．結局のところ，あなたが本当にそのような信念の度合いをもっているのかについて，私が判断をくだすためには，おそらく，あなたに実際に賭け比率を設定してもらう必要がある．このためには，別の賭けのシナリオを用意しなければならないであろう．そして，そこでも，私は，私が問題の事象が起こる方と起こらない方に同じくらい賭けそうであると，あなたが考えていることを確かめたくなるだろう．そして，さらに別のシナリオを用意して，別のテストをしなければならなくなる．この流れは，無限に続くだろう．明らかに，この方法は有望でない．

　この問題を避ける最も自然な方法は，あなたに直接，私がどちらに賭けると確信しているかを尋ねるというものである．しかし，これも良い方法とはいえない．この場合，あなたの発言は私がどちらに賭けるかに影響を与えるかもし

れないので，あなたにはここで嘘をつく理由があることになる（問題の事象が
起こるかどうかを，あなたがコントロールできてはいけないということは先に
見た通りである．似たような考え方をすれば，私がどのように賭けるかについ
て，あなたがコントロールできたり，影響をもったりしてはいけないというこ
とも言える）．また，たとえあなたに嘘をつくつもりがないとしても，あなた
は，先の問いについての正しい答えを自覚的に把握していないかもしれない．
というのも，ラムジーが述べた通り，人が，あることについてもつ感情の強度
は，その人がどれだけ強くそれを信じているかを必ずしも示唆しないからであ
る．

> 信念の度合いが，その保有者によって知覚可能であると仮定しよう．例え
> ば，信念は，それに伴う感情の強度によって異なるとする．この感情は，
> 信念感情だとか，確信の感情とも呼べるかもしれない．そして，信念の度
> 合いによって，この感情の強度を意味するものとする．この見解は，たい
> へん不便である．感情の強度に数値を割り当てるのは，容易ではないから
> である．しかし，この点はさしおいても，私にとっては，この見解が誤っ
> ていることは一目瞭然であるように思われる．というのも，私たちがもつ
> 最も強い信念は，しばしば，ほとんどいかなる感情も伴わないからである．
> 自身が当たり前だと思っていることに強い感情を抱く人などいないであろ
> う．（Ramsey 1926: 169）

これに対する自然な応答は，私たちが何かを信じているということは，内省
——感情——だけによって知られなければならないというものである．しかし，
ラムジーはこのことを否定していない．彼が否定しているのは，私たちが，内
省によって信念の度合いを決定することができるということだけである．信念
の度合いを知る方法に関するラムジーの提案は，次のものだ：「多くの場合，
信念の強度に関する私たちの判断は，実際のところ，仮想的な状況において，
どのように行動するべきかについての判断である．」(Ramsey 1926: 171) しかし，
このことは，それらの判断が通常正しいものであるということを意味しない．
もしそうだとすれば，賭けのシナリオなどいらないということになってしまう

だろう.

　信念の度合いの測定の問題については，次の節でまた，手短に扱うことになる．だがそのまえに，私(賭けの相手)の賭けでのふるまいに関するあなた(賭け手)の思考にもとづいた，ダッチブック論証への別の反論があることを確認しておきたい．例えば，私がダッチブックを仕掛ける機会を利用しないとあなたが考えているなら，自身がダッチブックをこうむる可能性を野放しにしておくことにも価値があるかもしれない．あなたは，私があなたのミスに気づかないような無能な男だと考えているかもしれない．私があなたのミスにつけこまないなら，おそらく，あなたがダッチブックをこうむる可能性を野放しにしておいた方が，あなたは優勢になる．

　あるいは，あなたは，(私が知らなそうな特別な情報を自分がもっているということを理由に)問題の事象が起こるかについての私の見解が，あなた自身のものとは異なる情報にもとづいていると考えるかもしれない．この場合，先に見た，あなたが，私がどちらに賭けるかについてのどんな情報ももっていない場合とは，事情が異なる．次の状況を考えてみよう．あなたは，私がどのように賭けるかについてのいかなる情報ももっていない．しかし，問題の事象について，あなたが知っていて，私が知らないことがあるということをこの上なく強く確信している．実際のところ，あなたは，私が知らない情報にもとづいて，問題の事象が起こることを強く確信している．もっと具体的な状況を想像してみよう．あなたは，次のレースが八百長で，ある特定の馬が勝つことを知っている．そして，自分とその八百長を仕組んだ(口の堅い)親友だけがその情報をもっているということも知っている．ここで，あなたは，賭け比率を1(かそれに近い数)に設定するべきだろうか．そうすれば，たまたま私がその馬の勝利に賭けてしまっても，損失を最小限にできる．しかし，あなたは考えるだろう．自分がその馬の勝利を確信していることを明らかにしない方が，私がその馬の負けに賭ける可能性も高くなるかもしれない(例えば，もしあなたがそれを明らかにしてしまったら，私が八百長を疑い，馬の勝ちに賭けてしまうおそれがある)．そして，たとえそれがより大きな損失の可能性を招いたとしても，このリスクはとる価値のあるものだとあなたは考えるかもしれない．私から金をふんだくるチャンスだ，と．実際，合理的な人であっても，リスク回

避型の人であれば，損失を防ぐために，この「確実な事象」について賭け比率を１に設定するだろうし，それほどリスクを嫌わない人であれば，（適切な状況下では）そうしないということはありうる．

以上に見た批判はすべて，共通の原因のもとで，ひとくくりにして考えることができる．その原因というのは，２人(あるいはそれ以上)の参加者による賭けのシナリオがもつ，ゲーム的側面である．要するに，上で見たようなダッチブック論証の問題は，ゲームには戦術がつきものだということにあるのである．賭けの参加者は，相手がどう出るかを考えなければならない．そのうえで，自分の都合の良いように相手が動いてくれるように，こちらの考えを誤認するよう誘導しようとするかもしれないのだ．

4.3 確率の測定と「信念の度合い」

しかし，そもそも，信念の度合いが測定できることは，本当に重要なのだろうか．そもそも信念の度合いというアイディアは，直観的に意味をなすのではないだろうか．さらに言えば，これまでに見た，賭けの状況を用いて信念の度合いを測定することに対する批判のいくつかは，それ自体，信念の度合いなるものが実際に存在することに依拠しているのではないだろうか．例えば，馬のレースの事例では，ある事象の生起についての自身の信念の度合いを公開するべきではないということを，賭けの戦術に関する別の信念の度合いを理由に確認した．

これらは，理にかなった考えだ．しかし同時に，ダッチブック論証に関する否定的な帰結をもつ．たとえこの論証が，賭けの参加者の設定する賭け比率が確率の公理にしたがうことを示すものだとしても，この賭け比率というのは，確率の主観的解釈と関連するような信念の度合いとは無関係なのではないか．それゆえ，ダッチブック論証は，信念の度合いが確率の公理にしたがうことの重要性を示すものではないのではなかろうか．

おそらく，これを認めることは，主観的解釈とは根本的に異なるアプローチの可能性を示唆する．すなわち，信念の度合いを心的な意味で理解するのをやめるというのはどうだろうか．信念の度合いとは，まさに賭け比率のことであ

4 主観的解釈

ると考えてみるのである．実際，デフィネッティは，初期の著作の中で，この
見解を支持している．この見解は，信念の度合いの賭けによる解釈とも言えよ
う．この見解の単純なバージョンによれば，信念の度合いは，現実の賭けのシ
ナリオでの現実の賭け比率と理解されるべきである．

この見解が間違っていることはすぐに見るが，そのまえに，デフィネッティ
が，ダッチブック論証とは独立に，信念の度合いの測定可能性を重要視してい
たより深い理由を理解する必要がある．

> ある概念に，形而上学的な文句で飾られた見掛け倒しの意味ではなく，実
> 質的な意味を与えるためには，操作定義が必要である．これの意味すると
> ころは，その概念を測定することを可能にするような基準にもとづいた定
> 義ということである．（De Finetti 1990: 76）

ここで，デフィネッティは操作主義を推奨している．これは，20 世紀初頭に，
とりわけ科学に傾倒していた哲学者たちのあいだで流行った立場である．なぜ
そうであったのかは，すぐに理解できる．背景にある考えは次のようなものだ．
すなわち，私たちが用いる概念は，行為と経験からなる日常世界のうちで行わ
れる測定と結びつけることによって，はじめて正確に理解できる．そうでなけ
れば，私たちは，どのようにしてその概念を本当に理解したと言えるのだろう
か．物理学者パーシー・ブリッジマンの言葉をかりれば，「いかなる概念も，
それが意味するのは，手続きの集合以外のなにものでもない．概念というのは，
それと対応する手続きの集合と同義なのだ」(Bridgman 1927: 5)ということだ．

残念ながら，これは間違った教義である．「1」や「赤」のような，最も単純
な種類の概念を考えてみよう．これらと同義であるような手続きの集合など考
えられるだろうか．もし，考えられないのであれば(私は考えられない)，その
概念を理解しているとは明示的には言えなくなる．しかし，言葉では表せない
としても，上記の概念を理解しているとは言えるのではないだろうか．その場
合，明示的定義などはいらないようにも思われる(よくよく考えれば，自分が
用いる語のほとんどが，定義できないことに気づくだろう)．実際，私たちが
「1」とは何かを理解していないとか，部分的にしかわかっていないというのは

53

考えがたい.

　それは，ただ私たちが，これまでちゃんと「1」を定義しようとしたことがないからだと思われるかもしれない．この概念には，「数える」という重要な(そして，それによって子どもがその概念を学ぶような)標準的操作がある．しかし，これを用いて，数の概念や他の数にうったえずに，「1」の定義を見つけるのは至難の業である．例えば，「1」は，昇順で数を数えたときに，必ず「2」の前に数えられるものであると言うことができる．しかし，これは，1以外の数「2」に依拠している．それでは，「1」とは，あるタイプのトークンを数え上げる際に，それがその数え上げの最初に発話される番号であるとき，そのタイプのトークンについて，何かを言うものであるというのはどうであろうか[1]．これは，あまりにも曖昧であろう．結局，これが言いたいのは，トークンの数についての何かである．それゆえ，これだけでは，正確に，どのような操作がここで重要なのかはわからない(哲学において定義を提示するというのは，一般にかなり難しいことなのである).

　おそらく，「1」の定義をつっつくのはフェアではない．なぜなら，操作主義者たちは，数学とは，明確に数学的な操作というものをもった，物理的な手続きには依拠しないような定義の体系だと考えるだろうからである．なので，「赤」について考えてみることにしよう．こちらは，どのような操作によって定義できるのか．ものを見るということだろうか．これは，切り口としては良いのだが，実際のところ，ある種の比較という手続きを要する．究極的には，あるものが赤いかを確認するには，それを別の赤いもの(あるいは，赤いものについての自分の記憶)と比較しなければならないからだ．しかし，もちろん，赤にも色味というものがある．私たちは，それらが同じ色であるかを知るために，色味の類似性を確認する．それでは，あるとすればの話だが，私たちの赤いものに関する諸手続きが依拠する最も確実な「赤いもの」とは何なのだろうか．実際に，そのようなただ1つのものがあるというのは，考えがたい．それでは，ここでの手続きとはどのようなものか．これについては，最も単純な概念があるが，それを明示化しようとすると途方に暮れてしまう．こちらもまた，曖昧なのだ．色のスペクトルを眺めながら，赤とオレンジの境界を考えてみよう．問題の色味が赤なのかオレンジなのか，はっきりとはわからない点がある

54

であろう．それゆえ，最も確実な「赤いもの」なるものが存在するとしても，赤を定義するうえでは，役に立たないのだ．

操作主義は，たとえその導入経緯はもっともらしいとしても，とても問題含みな教義であることを確認した．しかし，この立場が，信念の度合いに関する文脈でどこまでやれるかも見ておこう．信念の度合いが賭け比率と深く関わっているというデフィネッティのアイディアを思い出そう．この種の見解の単純なバージョンは，信念の度合いを現実の賭け比率ととらえるものであった．ここで，賭けごとを心底きらう人——彼女の母は熱烈なギャンブラーで，家の金を賭けごとでつかい果たしてしまった——がいるとしよう．彼女は，一切，賭けをしない．さて，彼女は信念の度合いをもっていないのだろうか．〔デフィネッティの立場をとるなら〕これを認めないわけにいかない．しかし，これは，少なくとも，信念というものについての私たちの日常的な理解を前提するならば，その度合いの直観的な理解とは相反する見解である．

だが，おどろいたことに，デフィネッティは，この懸念の正当性を認めている．

> この基準，すなわち，私たちがそれを測定することを可能にする，定義の操作的な側面は，このテストの事例において，個人の決断（これは観察可能である）を通した，その人の直接観察できない意見（予見，確率）にあるのである．（De Finetti 1990: 76）

問題は，「確率」と関連づけられた「意見」というのが，操作的に定義できないように見えるということだ．それゆえ，現実の賭け比率によって測定された意見ではなく，現実の賭け比率として信念の度合いを理解することに，究極的なメリットはないのである．

いずれにせよ，少なくとも，いくらかの意見が観察可能だと考えることはできる．私たちは，自身の意見のいくらかについては，内省によって知ることができる．例えば，私は，同性婚は道徳的には否定しえないと，自分が考えていることを知っている．これを聞いた人も，このことについて自分がどう考えているかを知っているであろう．だが，前の節で見たように，このことは，私た

ちが，自身の意見の強さを内省によって知るということは意味しない．ラムジーは次のように述べている．

> 何かをより強く信じていることと何かをより弱く信じていることの違いを知ろうとするなら，私たちはもはや，この違いがある種の観察可能な感覚にあると考えることはできない．少なくとも私は，そのような感覚を認識することができない．この違いは，これらの信念に対して私たちがどのように行動するかにあるように，私には思われる．(Ramsey 1926: 170)

したがって，ラムジーの基本的なアイディアは，次のようなものである．すなわち，ある人の信念の度合いは，その人が実際に賭けをしたことがあろうがなかろうが，特定の賭けの状況下でその人がそれを選択するように傾向づけられているような賭け比率である．同性婚の例に戻ろう．私は，同性婚が道徳的に否定しえないと自分が考えていることを内省によって自覚しているが，このことをどれだけ強く信じているかはあやふやである（あるいは，あやまって理解している）．これに反論されたときに，自分がどれだけ頑固に同性愛者の権利を守ろうとがんばるかはわからない．（したがって，ラムジーは，「信念の度合いは時間間隔のようなものだ．私たちがこれを測定する方法を正確に定めないかぎり，厳密な意味はもたない」(Ramsey 1926: 167)と述べながら，操作主義は支持していない.）

　以上のことは，現実的な賭け比率から傾向性的な賭け比率へ移行する際に生じる，重要な懸案事項を示唆している．反論を受けて，私がどのように応答するかということは，同性婚に関する私の意見だけでなく，私の他の意見や個人的な態度にも依存している．例えば，私が，自分が同性婚について話している相手が同性愛者ぎらいの悪党だと思っていたらどうだろうか．彼は，自分の意見に強く反論されると，殴りかかってくるような男である．そして，私が，殴られることに対して激しい恐怖心を抱いていたらどうであろうか（先に見た，賭けごとをひどくきらう人の事例も参考になる．そういう人が，本当に賭けをする傾向性をもつと言えるだろうか．彼女については，せいぜい，仮説的な傾向性をもつと言えるだけだろう．つまり，仮に，彼女が賭けごとをきらってい

なかったなら，彼女が設定していたであろう賭け比率についてしか，私たちは語れない）．

　以上は，たしかに極端な事例である．これについては，もし，その悪党に賛成するなら，それは，ただ彼をなだめたいからだろうと考えられる．この場合，私は自身の意見に関して，嘘をついていることになる．ただ，それほど極端な事例でなくても，同様の懸念は生じる．ここでの基本的な問題は，誰かの信念の度合いを測ろうとすることは，それ自体で，当該の信念の度合いを変えてしまうことがあるということである．しかし，この問題に取り掛かるまえに，賭けのシナリオを一切用いずに，信念の度合いを測ることができるかを考えてみよう．これまでに見たのは，賭けのシナリオが，とりわけ扱いにくいものであるということだったからである．

4.4　賭けのシナリオの代替案——採点ルール

　賭けのシナリオのゲーム的側面に関する懸念を受けて，デフィネッティは，最終的に信念の度合いを測る（上で見たように，彼の場合，「信念の度合い」を定義する）新たな方法を提案するにいたった．ラムジーは，26歳で早逝したため，自身の見解を変えることはかなわなかった．しかし，その若さで彼が示した影響力を考えれば，彼がもし生きていたならそうしていただろうと考える理由は多分にある．（読者の皆さんには，ぜひ，ラムジーのことを調べてみてもらいたい．彼は，とても魅力的な人物であり，また，ケンブリッジの同世代のグループにおいて，最も優秀な数学科の学生 the 'senior wrangler' であった．ついでに言えば，先にも見た偉大なるケインズは，同学年では12番目くらいの成績であった．）

　さて，それでは，信念の度合いを測る別の方法とは，どのようなものだろうか．根本的なアイディアは，賭けのシナリオにおいて，固定された採点ルールのもとで，1人予想ゲーム（とも考えられるもの）を用いるというものである．プレイヤーが良い予想をしたなら，報酬を得る．わるい予想をしたなら，罰が課される．したがって，プレイヤーには，良い予想をし，わるい予想を避ける動機があることになる．さらに，この1人ゲームにおいても，プレイヤーは，

確率の公理を満たすような賭け比率を選択するべきであると論じることができる.

　例をあげよう. ある気象学者が, 特定の採点ルールにもとづいて, 1人ゲームをやるとする. 良い予想をすれば, 彼女はより高い報酬を得ることになる. わるい予想をすると, 報酬は低くなってしまう. 報酬の内容は, 彼女が最適な予想を立てられるかにかかっているわけだ. いくらか補足事項はあるが. 彼女は, 自身の予想が実現するかどうかが信頼できる仕方で測られることや, 得られる報酬が彼女にとって相当の金額であることなどを了解していなければならない. また, 確率の公理に反する賭け比率を採用することが, どれだけ悲惨な結果を導くかも彼女にはすぐにわかることだ. 「同じ日に同じ場所で, 雨が降り, 雨が降らないだろう」というように, 論理的に起こりえないことを予想したら, 彼女がお金を失うのは言うまでもない.

　この提案についても, たしかに, 疑念を投げかけることができる. 彼女が, あやまった予想を立てており, かつ, 自分の同僚がより良い予想を何度も立てていたことに気づいている, という状況を考えてみよう. 可能なら, 1人ゲームにおいて, 彼女は同僚の予想を採用するのではないだろうか. しかし, とすると, 同僚の予想を知ったことが, 彼女がもつ明日の天気に関する信念の度合いを変えたと言えるだろう. したがって, 採点ルールによるアプローチの支持者は, 彼女が自身の信念の度合いをより確かなものにしたうえではじめて, 自分の信念の度合いを報告したのだと言うことができる. このような支持者は, 採点ルールによる方法が信念の度合いを測る方法であるだけではないと付け加えることもできよう. そうであるだけでなく, 私たちが自身の信念の度合いを「より良い」ものにすることを促す方法でもあると言えるのだ(さしあたり, ある人の個人的な確率を「より良い」ものにするとは, 「現実的な世界ベースの確率により近い」ものにすることを意味すると理解しておいてほしい. この点については, 次の章で触れる).

　さらに, プレイヤーが他者の予想をまねたり, 助言を求めたりできない状況もある. それゆえ, 採点ルールによる方法は, 信念の度合いを測る方法として, 先に見た(参加者が2人の)賭けのシナリオよりも優れているように見える. しかし, この評価を完全に公平にくだすためには, 賭けのシナリオも, ときには

信念の度合いを正確に暴き出すということは認めなければならない．問題は，どのようなときにそれが可能で，どのようなときにそうでないのかを明らかにすることにある．

まとめると，信念の度合いの測定についての問題に関する中庸の見解は次のようになる．意見(あるいは信念の度合い)の強度なるものは確かにある．そして，これを正確に特徴づけるのは難しいが，適切な文脈においては，理にかなった仕方で，正確にそれを測定することができる．その測定が確かなものであるかどうかは，そこで用いられる道具立てに依存する．したがって，ラムジーが提示した信念の度合いと時間間隔の類比が適切なものであったということがある程度は理解できる．(特定の基準のもとで)時間の経過に関する事実があるということは，疑いようがない．しかし，それを正確に測定できるときもあれば，そうでないときもある．感覚で「1, 2, ...」と数えるのは，非常に不正確な時間間隔の測定方法の1つである．もう少し良い方法としては，普通のアナログ腕時計を用いるという手もある．さらに良いのは，デジタルストップウォッチを用いる方法であろう．果ては，入手可能な最高の電波時計を使うという方法まである．しかし，どの方法をとっても，常に正確さの限界がつきまとう．

この類比の限界は，私たちが，時間間隔の測定が実際にそれがどれくらいの長さであるかに影響を与えないと考えていることに見いだされる．しかし，多くの物理的測定は，それが対象とする系に，不可欠的に影響を及ぼす．少量の水の温度を測るために，水銀温度計を用いるとしよう．水銀が膨張するには，水の熱が水銀に伝導しなければならない．それゆえ，私たちが水銀温度計を見るとき，温度計は，水に挿入されたそのときの水温を示してはいないのだ．この差は原理的には重要である．一方で，例えば，料理をするときなど，実用上は，その差は問題にならない．

4.5 主観的解釈への反論

これまで，主観的解釈の基礎的な部分について，かなり深く考察してきた．そして，これを支持する重要な論証，すなわち，ダッチブック論証を検討し，その有望な代替案(採点ルールによる方法)まで探求した．ここで，主観的解釈

への反論を検討するためにも，おなじみのダイアログに移行しよう．

学生1　ちょっと変だなと思うことがあるんですが，私たちは本当に確
信の度合いだとか，信念の度合いみたいなものを，数値化できるぐらい
正確にもつものなのでしょうか．

ダレル　いい反論だね．例をあげられるかい？

学生1　はい．私が，自分の本当の信念の度合い，つまり，あることが
起こるかどうかについての私の本当の意見と密接に関連した賭け比率を
選ぼうとしている状況を考えてみてください．例えば，ある馬がレース
で勝つかどうかとかについてですね．これに対応するような，例えば
0.51327834 みたいな正確な数値などあるのでしょうか？

ダレル　つまり，君が考えているのは，確率がとりうる値は，数学的に
言えば，無限にあるけど，私たちの信念の度合いはもっと「肌理が粗
い」ものだということかな？

学生1　そうです．「肌理が粗い」っていうのはピッタリな表現ですね．
「量子化されている」というのも便利な表現だと思います．量子力学の
エネルギーの差異みたいに，信念の度合いの差異には最小量があるみた
いな…．

ダレル　なるほどね．もう少し考えてみよう．この場合，ある女性が決
まったオッズでの賭けを申し込まれて，その賭けが公平なのかどうかを
考えている状況を想定して…

学生2　わかりました！　そこで，ほとんど同じだけど少しだけ異なる
オッズで賭けを提案する2人のブックメイカーを考えて…

学生1　その女性が一方の賭けは公平で，もう一方は不公平だと，はっ
きりと考えるかどうかを考えるということですね？

ダレル　おいおい，今日は私の出る幕がなさそうだね．いま言ってくれ
たような思考実験が，まさにここで必要とされているものだよ．それで，
続きを聞かせてくれるかい？

学生1　私は，オッズの違いが彼女にとって重要でないということもあ
りえると思います．例えば，2人のブックメイカーが 10001 倍の賭けと

10000 倍の賭けを申し込んでくることもありえます．そして，実際に賭けろと言われたらどちらかを選ぶのかもしれませんが，それでも，彼女は両方の賭けが公平だと考えるかもしれないですよね．

学生 2　僕もそう思う．でも，両方を公平だと考えるには差異が大きすぎるときもあるよね．例えば，10000 倍の賭けと 900000 倍の賭けを申し込まれたときとか．

学生 1　そうね．だから，私たちは，信念の度合いを時間間隔のように理解することができるのね．

学生 2　なるほどね．

学生 1　ただ，明確に公平だと言える賭けと明確に不公平だと言える賭けの境界が常にはっきりとしているかはよくわからないと思う．実際，こういうことは，申し込まれる賭けが 1 つの場合でもありうるわけだし．つまり，賭け手が公平かどうか判断できないようなオッズで賭けが申し込まれることはあるよね．

ダレル　その通りだ．だから，主観的解釈を洗練させるためには，もうちょっと細部を修正しないといけないかもしれない．でも，これについては，それほど深刻な問題はなさそうだ．他に主観的解釈への反論はあるかな？

学生 3　はい．僕としては，無差別の原理の問題を考慮しても，前に見た論理的解釈の方がいいと思います．なんでかっていうと，論理的解釈だと，ある論証が，たとえ妥当でないとしても，良いものかどうかに関する客観的な事実が確かにあるんだということをちゃんと把捉しようとしていますよね．つまり…

ダレル　さえぎってごめんよ．君の言いたいことがわかったような気がする．間違ってたら止めていいから，ちょっと話してみてもいいかな．

学生 3　はは．哲学者は話を止めるのが大好きなんですね．いいですよ．続けてください．

ダレル　ありがとう．まず，多くの人が帰納的推論みたいな演繹的でない推論を確率によって描写するよね．そして，この場合，妥当性の代わりに，前提を認めたときに結論が起こる確率が高いということがその推

論を「良い」ものにすると考えられる.

学生3　まさにその通りですね.

ダレル　そこで，もし p が q を含意するなら，誰にとっても，主観的見解の支持者にとってさえも，$\mathrm{P}(q, p)$ が 1 であるべきだとしよう. 実際は，もっと複雑かもしれない. 例えば，$\mathrm{P}(q, p)$ が 1 であるべきだと結論づけるには，p が q を含意するということを認識していないといけないと考える人もいるだろうからね. ただ，ここでは，そういう細かい話はおいておこう. さて，p が q を含意しない場合は，状況が異なるよね.

学生3　そうです！ q を「ダレルは哲学者である」として，p を「火星には生命体がいる」としましょう. まともな人なら，どんな意味においても，この 2 つの命題が関係しあっているなんて考えないでしょう. でも，主観的見解をとると，合理的な人でも $\mathrm{P}(p, q)$ がほぼ 1 だと考えられることになってしまうんです. ということは，そういう人は，先生が哲学者であるという事実が火星に生命体が存在することの強い証拠になると考えられることになります. 他に関連する前提がなければ，そういうことになってしまうわけです.

学生2　そんなばかな. てことは，演繹的な事例をのぞいて，証拠と考えられるものは，完全に主観的だというわけかい？

学生3　そうだよ.

ダレル　それは標準的な反論だね. そして，強力な反論でもある. 議論を整理してみよう. 学生3の指摘に鑑みると，私たちの信念の度合いは，確率の公理を満たすべきではないということになるのかな. たとえ君が，さらなる合理性にまつわる要求が課せられるような何らかの状況があると考えていたとしても.

学生3　いえ，そうは思いません.

ダレル　よろしい. では，君は，主観的解釈はいまのところうまくいっていると言っていることにならないかな？ つまり，君が言いたいのは，主観的解釈の説明が不足しているということではないのかな？

学生3　そうなりますね.

ダレル　後でまた見るんだけど，この問題は，信念の度合いに別の合理

性による制約を加えれば解決できるんだよ….つまり,信念の度合いが合理的であるために,確率の数学的公理を満たすこと以外の条件を課すこともできるわけだ.

学生1　付け加えてもいいですか?

ダレル　もちろん.

学生1　私は,主観的見解がとても魅力的だと思っています.多くの人が,演繹的でない推論の中で,何が良いものであるかについて同じ考えをもっているからといって,その背景に,このことを説明するさらなる事実があることにはならないと思います.彼らの意見の一致については,客観的な意味をもって存在する帰納的な推論がなくても,文化的な説明や,進化論的な説明が与えられるかもしれません.主観的解釈は,実際に起きていること,例えば,科学において起きていることを説明するのに適していると思います.科学者は,彼らが良い証拠だと思っているものにもとづいて,同じものを探求するわけですよね.

学生3　わかった.ただ,科学についてはそれよりも確かな根拠にもとづいて研究が進められると考えたくならない?

学生1　そうしたくなる気持ちはわかるけど,だからといって実際にそうだということにはならないよね.

学生2　こう言ったらどうかな.科学が,(多くの)証拠について,事実無根の意見にもとづいて探求されているのだとしたら,実際に科学がこれだけ成功しているということが奇跡ということになるのではないかと.

ダレル　やっかいな問題に首を突っ込んでしまったね! ここで,その問題に答えを与えることはできそうにないね.ただ,ここまでの議論で,なぜ,どのようにして科学がうまくいくのかについて考えるにあたって,私たちの確率理解が重要なものであるということはわかった.この点については,最後の章でまた触れることになる.

それではまとめよう.確率の主観的見解の主な問題点は,これが,あまりにも幅広く合理的な意見の相違を許容してしまうということであった.要するに,主観的解釈のもとでは,合理的な信念の度合いをもつのが簡単すぎるのだ.上

のダイアログでも見たように，この問題については，次の章でまた触れること
になる．

4.6 主観的一元論と独立性

　ここまでで，主観的解釈に関する重要なことはほとんど確認したといってよ
い．だが，確率の解釈に関する次の選択肢にうつるまえに，主観的解釈が，真
なる確率解釈の方法として，それだけで成立しうるのかを考えておくことには，
意味がある．デフィネッティは，それが可能だと考え，それを示すために多く
の時間を費やした．しかし，彼の試みは成功したと言えるのだろうか．

　デフィネッティの試みを完全に理解するためには，テクニカルな話もしなけ
ればならない．だが，ここでは，話を簡単にするため，彼がしようとしたこと
の雰囲気を伝え，彼が直面した主な困難を紹介するにとどめる．次の問いを考
えてみよう．すなわち，「すべての確率が主観的であるとする見解に対する最
善の反論はどのようなものだろうか？」

　答えは，数学的確率を用いることで正確に予測される出来事のパターンがあ
るというものである．カジノを例に考えてみよう．なぜ，カジノの運営で金儲
けができるのだろうか．客が勝ち続けて閉店に追い込まれるなんてことが全然
起こらないのはなぜだろうか．そのような客が一向に現れないのはどうしてだ
ろうか．

　要点をわかりやすくするため，ルーレットを考えよう．図4.1のように，ル
ーレットのゲームは，異なる番号と色が振られた区画をもつ盤を用いて行われ
る．まず，この盤が回される．ボールが入れられ，盤のへりを，盤の回転とは
反対方向に（例えば，盤が反時計回りに回転しているなら，ボールは時計回り）
に転がる．勝ち負けは，どの区画にボールが入ったかによって決まる．

　ある人が，ボールが17番の区画に入ることに賭けたとしてみよう．カジノ
側は，35：1のオッズを設定している．このオッズは，ボールが特定の番号の
区画に入る確率が1/36であれば，公平であると言える．しかし，盤に書かれ
た数字は，37個ある．したがって，それぞれの番号の区画にボールが入る（世
界ベースの）確率が同じ値をもつなら，実際に公平なオッズは，36：1になる

64

図 4.1　ヨーロッパのルーレット盤

はずである．（ルーレットの数字に 0 が含まれているのには，理由があるのである．さらに，アメリカでは，カジノ側に有利になるように，ルーレットの盤には 2 つの 0 が振られた区画がある．）

　カジノの内情を理解する別の方法として，盤上のすべての数字に同じ金額を賭けるという例を考えるのもよい．ボールはどこかの枠に入るはずなので，その枠についての賭けだけを見れば，賭けた人は勝ったことになる．しかし，これだけで，他の負けをすべて帳消しにはできない．例えば，この人が，全部の数字に 1 ドルを賭けたとしよう．すると，賭け金は全部で 37 ドルだが，受け取れる賞金は 36 ドルである．

　次のように考えることもできる．賭けがちゃんとなされるなら，ボールはどこかしらの番号の区画に入るはずである．それゆえ，すべての可能な結果のそれぞれの確率の和は，1 でなければならない．しかし，それぞれの番号に，カジノのオッズに対応した確率 1/36 が割り振られるとすると，その和は 1 より大きくなってしまう．何らかのいんちきが行われていることは明らかだ．カジノが設定する「オッズ」は確率の公理に反しているのである．

　一方で，カジノがそのようなオッズを設定して儲け続けているということに

ついて，デフィネッティはなんと言うだろうか．彼によれば，世界ベースの確率というのは，多くの人間が似たような(あるいはまったく同じ)信念の度合いをもつという事実が引き起こす錯覚のようなものだ．なので，ルーレットも，世界の側で成り立つ，私たちとは独立の確率と関係するもののように見えるが，これは単に，私たちが(繰り返される)盤の回転の結果について，同程度の確信を抱いているからにすぎない．

　だが，デフィネッティの説明は，これだけでは終わらない．人々のあいだで広く行き渡った同意というのは，人々がより多くの証拠を得るにつれて，時間を通じて成立することもある，と続ける．例えば，新品のコインを放り投げるとどうなるかについて，私たちが，するどく対立しているとしよう．私は，表が出ると強く確信しており，P(H)に0.9という値を与えているとする．あなたは，裏が出ると強く信じており，P(H)に0.1という値を割り当てている．デフィネッティによれば，コインが何回も投げられ，その結果についての情報を得ることで，私たちの主観的確率——私たちの合理的な信念の度合い——は，互いに近づいていく．したがって，コインが，だいたい2回に1回表になるとすると，最終的に，私たちの主観的確率P(H)も，互いの中間の値0.5あたりで一致するというのである．

　私たちが合理的であるために，同じ学習の——つまり，意見を変える——機構を有していなければならないのだとすれば，この結果は説明できる．そして，デフィネッティにとっては，この機構というのは，ベイズ更新(Bayesian updating)のことである．(完全な機構は，交換可能な初期確率を伴うベイズ更新である．この交換可能性については，あとで簡単に説明する．) 小難しい内容を避けるというこの本の方針にしたがって，ベイズ更新が依拠するベイズの定理については，扱わないことにする(とはいうものの，この定理については，付録Bで説明している．気になる人は参照してほしい)．デフィネッティの基本的なアイディアを理解するのはたやすい．彼の考えでは，合理的な人間はすべて，同様の仕方で，信念の度合いを変える．合理的な人間は，それについての直接的な経験とは独立に，ある事象(あるいは仮説)が，どれだけ起こりそうなことかについての考えから出発する．しかし，新たな証拠を得るにつれて，彼らは，新たな条件つき確率に関心をもつようになる．新品のコインの事例に

立ち戻ってみよう(以下の内容が難しいと感じたら前章の条件つき確率についての議論も見返してみてほしい). 最初に, コインの表が出るかを聞かれれば, b が私の背景情報を表すとして, 私は P(H, b) という条件つき確率に着目する. これは, H の事前確率(prior probability)として知られている. だが, その後に, コイン投げについてのデータを集めた段階で, 先のことを聞かれれば, e がこれまでのコイン投げについてのデータだとすれば, 私は, P$(H, b \& e)$ に着目するだろう. これは, H の事後確率(posterior probability)として知られている.

ベイズの定理は, P(H, b) と P$(e, H \& b)$ から, P$(H, b \& e)$ を算出するのに便利である. P$(e, H \& b)$ は, e に関する H と b の尤度(ゆうど)と呼ばれる. 次のように考えてほしい. もし, 表の確率が0.9なら, この主観確率をもつ人は, コインを20回投げてすべて裏が出ることはないと考える. したがって, もし, 最初の20回の結果が裏であれば(e), その人は, (彼自身の背景情報 b を固定して)表の確率を再評価するだろう.

しかしながら, たとえ私たちがみなベイズ的な仕方で学習をするのだとしても, 証拠が増えるにつれて, 全員が確率評価について次第に一致していくとは限らない. そのため, デフィネッティは, 私たちの初期確率への付値が交換可能でなければならないと付け加える.

私が, 5回のコイントスでどのような結果が出るかを思案しているとしよう. ここで私が, n 回表が出る(あるいは$5-n$回裏が出る)確率が, 何が起ころうとも同じだと考えているなら, 私の確率付値は交換可能である. 表が1回出る場合を考えてみよう. この出方は5通りある. すなわち, HTTTT, THTTT, TTHTT, TTTHT, そして, TTTTH である. デフィネッティが正しかったのだとすると, 私は, P(HTTTT)＝P(THTTT)＝P(TTHTT)＝P(TTTHT)＝P(TTTTH) と考えるべきである. それぞれの順列に, 同じ確率値が与えられるべきなのだ. (順列と組み合わせについては, 3章で私と弁護士との賭けの話をした際に論じた.)

だが, この前提には, 制限が強すぎるという問題がある. これを確認するために, ある人の目の前に, パソコンにつながれた赤と緑のライトをもつ箱があるという状況を想像してみよう. この人は, 数秒に1回, どちらかのライトが

光ることを知っているが，どちらが光るかは知らない．ここで，この人が，次の順序でライト（R は赤を，G は緑を表すとする）が光るのを見たとしよう．

RGRGRGRGRGRGRGRGRGRGRGR

この場合，ほとんどの人が，ライトの光り方にはパターンがあると考えるだろう．実際，このパソコンは，それぞれのライトを交互に光らせるよう，プログラムされているから，この光り方をした次に緑が光る（世界ベースの）確率は1であると考えるのはもっともらしい．しかし，交換可能性の前提を受け入れるなら，何度も考えたあげくに私たちが出せる結論は，緑の次に赤が光る確率は，1/2 ということだけである．緑が光るのは，2回に1回だからである．

　以上より，実際のところ，ある人の個人的な確率付値に交換可能性を課すことは，問題の事例の背後に，世界ベースの確率があることを（よく考えもせずに最初から）前提することのようである．ある事象（あるいは命題）が起こる（真である）かどうかが，もう一方が起こるかどうかに影響を与えないのであれば，2つの事象（あるいは命題）は独立であるということを思い出してほしい．コイントスはそのような事象の一種である．しかし，信号機（先の例は，信号機をもとにしている）はそうではない．実際，現実の世界には，互いに依存する事象の例がたくさんある．例えば，無作為に選出された日にイングランドで雪が降る確率は，雪が降った日の翌日にイングランドで雪が降る確率よりも低い．

　以上より，すべての確率が主観的であることを擁護するデフィネッティの議論は，説得的であったとは言えない．また，いずれにせよ，なぜ私たちがそう思いたくなってしかるべきなのかも，はっきりしない．ただ1つ明らかな利点と言えるのは，すべての確率言明が（それらがどのように用いられるかについて考えるのをやめずに）1つの方法で解釈できるということぐらいである．この点は，せいぜい便利さの問題にすぎない．

文献案内

　ジェフリー（Jeffrey 2004）は，主観的確率に関する，中級〜上級者向けのす

ばらしい教科書である．ギリース(Gillies 2000: ch. 4)では，中級レベルの内容が概説されている．ラムジー(Ramsey 1926)は，中級者であれば手が届く内容で，なおかつ，あらためて読む価値のある文献である．この論文はイーグルの編著(Eagle 2011)で読めるが，そこには例えば，キーブルク Kyburg のものなど上級レベルの議論や編者による解説が併せて収録されている．エリクソンとハイエクの論文(Eriksson and Hájek 2007)では，信念の度合いについての中級～上級レベルの議論が見られる．

〔1〕 (訳注)タイプ／トークンとは，事物の一般的な側面と個別的な側面を区別するカテゴリーである．ここでの文脈になぞらえて，数字で考えるならば，「9999901」という数字の列には，3つの数字タイプ(9タイプと0タイプと1タイプ)と7つの数字トークン(5つの9トークンと1つの0トークンと1つの1トークン)が含まれていると考えられる．

5

客観的ベイズ主義

3章では，論理的解釈を見た．この解釈には，（数的な）確率が，命題（あるいは命題の集合）間の関係に対応して，一意に値をもつという魅力的な特徴があった．だが，この解釈には，私たちがいかにしてそのような値にたどりつくのかが不明瞭であるという大きな難点があった．

次に，4章では主観的解釈を見た．こちらの解釈は，私たちがいかにして確率を測ることができるのかが明瞭——あるいは優れて明瞭——であるという魅力的な特徴をもつ．しかし，この解釈のおもな難点は，確率が一般的に，一意な値をもつわけではないという点にある．したがって，主観的解釈によれば私たちの手にある科学的データのもとでも，相対性理論が真であることの客観的な確率は存在しないということになる．それに関する，私たちから独立した事実などは存在しないのだ．そこにあるのは，相対性理論についての種々の個人的確率だけなのである．このことは，私たちの直観に反するように見える．

そこで，それぞれの立場から良い点をとり，新しい確率の解釈の立場を作り上げるのはどうだろうか．これは，エドウィン・ジェインズ（Jaynes 1957）やジョン・ウィリアムソン（Williamson 2010）のような客観的ベイズ主義者たちがやろうとしていることである．彼らは，主観的解釈を出発点にして，確率を測定可能な信念の度合いと関連づける．だが，それに加えて，測定可能な信念の度合いが確率であるためのさらなる条件を彼らは導入する．簡単に言えば，客観的ベイズ主義者と主観主義者は，確率が合理的な信念の度合いであるという点で合意する．しかし，信念の度合いが合理的であるということがどのようなことであるかについて対立する．客観的ベイズ主義者は，このために，主観主義者が考えるよりもいくらか多くの規則をもち出す必要があると考えるのだ．

5.1 信念の度合いへのさらなる制限

ある信念の度合いのグループを考えてみよう．これらの信念は，正4面体のサイコロについてのものである．（私がこの例を用いるのは，4面のサイコロが6面のサイコロほどありふれてはいない——種々のボードゲームではよく用いられるのだが——からであり，また，以下では，読者諸君が私の説明以外には，転がるサイコロについてのどんな経験も前提していないということが重要だからである．）

図5.1では，サイコロが4を示していることが見てとれる．しかし，このサイコロを転がしたときに，どのように着地するかについての合理的な信念の度合いは，どのように決定することができるのだろうか．ウィリアムソンによれば(Williamson 2010)，ここで合理的な信念の度合いは，3つの制限にしたがうべきである：

①確率
②補正
③曖昧化

順に見ていこう．「確率」は，合理的な信念の度合いが確率の公理を満たすべきだと主張する．このことは，主観主義者の主張するところと相違ない．例え

図5.1 四面体[slpix]

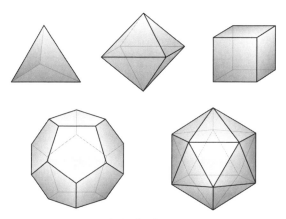

図5.2 プラトンの立体(正多面体)[Peter Hermes Fruian]

ば，このサイコロを転がすと，4面のどれか1つが必ず出るということを前提すれば，4面のうちの任意の1面が出る確率は，1でなければならない：P(1)+P(2)+P(3)+P(4)=1．同じように，4面のうちのどれも出ない確率は0でなければならない：P(¬1 & ¬2 & ¬3 & ¬4)=0といった具合だ．ここにはなんの驚きもない．

　「補正」は新たな制限である．これによれば，合理的な信念の度合いは，他のいかなる関連情報にもまた，敏感であるべきである．とくに，観察された(関連する)出来事の頻度，すなわち，世界ベースの確率についての証拠に敏感であるべきである．したがって，合理的な信念の度合いが，これまでのところ，すべての試行のうちの40%において，「1」という結果が起きたという情報に条件づけられているとしよう．この場合，P(1)はこれにしたがって確定されるべきである．つまり，P(1)=0.4だ．ここでは考慮されていないが，手に入る他の経験的情報や，その情報によってテストされた物理理論もまた，重要と見なされるかもしれない(例えば，他の凸状正多面体——標準的な立方体や図5.2に描かれているその他の形状のような——を転がした結果についての証拠もまた，考慮に入れられるだろう．そのようなサイコロがすべて，[それらの材質が均質であるとき，すなわち，偏りをもたないとき]公平であるということが，物理的な対称性についての考察からわかることもある．それゆえ，どの面が出る確率も，1/nになると考えられるかもしれない．ここで，nは問題と

なっている凸状正多面体の面の数である).

　最後の制限,「曖昧化」とは,ジェインズによれば,私たちは,もっていない情報については,最大限中立的であるべきだということである(Jaynes 1957: 623).この考え方は,3章における無差別の原理の議論からおなじみであろう.ケインズが述べたように「確率を不均等に割り振る積極的な根拠がないならば,種々の項のそれぞれについて,均等な確率を割り振らなければならない」ということを思い出そう(Keynes 1921: 42).説明のため,正4面体の例で話を進めよう.補正において前提される経験的情報のもとでは,$P(1)=0.4$ であるが,その他の可能性については情報がない.したがって,合理的な人間であるなら,その他の可能性は,曖昧化するべきである.すなわち,それぞれの可能性について,同等の確率を割り振るべきである.したがって,$P(2)=P(3)=P(4)=0.2$.

5.2　客観的ベイズ主義の実際——さらなる実例

　先に進む前に,上記の制限が,確率を計算するために,どのように用いられるかの別の例を見ておくと理解の助けになるかもしれない.あなたは,経験から,次の2つの主張が真であることを知っているとしよう:$p \vee r$ そして $q \oplus r$(「$\oplus$」は,排他的な意味での「または」を意味するが,3章で用いた.新たな記号,「$\vee$」は,包含的な意味での選言を表す.2つの意味の違いは単純である:$p \oplus q$ は,p と q の一方が真であるときにだけ真であり,そうでなければ偽である.一方で,$p \vee q$ は,p と q の両方が偽であるときにだけ偽である).それでは,$p \oplus (q \oplus r)$ という主張については,どのような合理的な信念の度合いをもつべきだろうか——すなわち,どのような確率を割り当てるべきであろうか.

　表5.1は,その答えを与える助けになる.ここでは,各式の真理値がどのように関係しているかが示されている.まずは,3章で用いた真理値表と同じように,各行が論理的な可能性を表しているということを思い出してほしい.したがって,8つの行が合わさると,p, q, r(そして他の式)のすべての可能な値の組み合わせがわかることになる.しかし,あなたは,$p \vee r$ と $q \oplus r$ が両方真

表 5.1　$p \vee r$, $q \oplus r$, $p \oplus (q \oplus r)$ の真理値表

p	q	r	$p \vee r$	$q \oplus r$	$p \oplus (q \oplus r)$
T	T	T	T	F	T
T	T	F	T	T	F
T	F	T	T	T	F
T	F	F	T	F	T
F	T	T	T	F	F
F	T	F	F	T	T
F	F	T	T	T	T
F	F	F	F	F	F

であることを知っているので，これらの行のうち，上の問いに答えるために重
要なのは，そのうちの 3 つだけである．その 3 つとは，行 2，行 3，行 7 であ
る．これらは，灰色で示されている．

　次のように考えればよい．あなたは，$p \oplus (q \oplus r)$ が真であるかどうかを知り
たい．そして，あなたのもっている情報——$p \vee r$ と $q \oplus r$ が真であること——
は，いくつかの可能性を除外する助けになる．ここからわかるのは，行 1, 4, 5,
6, 8 は現実世界を表現していないということである．以上を論理的な位置づけ
を見つけ出す過程と考え，真理値表を地図と考えることができる．つまり，あ
なたのもっている情報は，簡単な GPS 装置のようなものである．この装置に
よって，この事例の場合，あなたが 3 つの論理的位置の 1 つにいることを知る
ことができる．もし，あなたが情報をもっていなかったなら，あなたは 8 つの
論理的位置のうちのどこかしらにいるということしか知ることができなかった
であろう．

　補正の段階は以上である．しかし，どの論理的位置にいるかについて，これ
以上の情報をあなたはもっていない．したがって，残りの可能性については
(「確率」の制限を守りながら)曖昧化しなければならない．それゆえ，残りの
可能性には，同等の確率を割り当てなければならない．すなわち，P(行 2)＝
P(行 3)＝P(行 7)＝1/3 である．ここで，$p \oplus (q \oplus r)$ が真であるのは，行 7 が
あなたのいる論理的位置に対応するときだけであるということには注意する
必要がある(行 2 と行 3 では，この式は偽である)．それゆえ，P($p \oplus (q \oplus r)$,
$(p \vee r)$ & $(q \oplus r)$)——$(p \vee r)$ かつ $(q \oplus r)$ であるときに，$p \oplus (q \oplus r)$ について
あなたがもつべき信念の度合い——は，1/3 である．

曖昧化の規範を支持する潜在的な議論もまた，この例から明らかになる．あなたが3つの論理的位置――（表5.1において灰色で示されている）あなたの経験的な情報と整合的な論理的位置――のうちのどこにいるかがランダムに選ばれるとしよう．さて，時間をかけて，あなたが同様の状況にいることに繰り返し気づいたならば，$p \oplus (q \oplus r)$ は 1/3 の回数で真になる（そして残りの回数で偽になる）であろう．それゆえ，3つの論理的可能性の頻度――実在世界の出来事や事物についての頻度ではなく――について考察するのはうまい方法である．この議論に対する主な懸念は，最初の前提――あなたがある位置にいることをランダムに発見するということ――が正しいかどうかという点にある．（結局のところ，それによって，あなたが3つの論理的に可能な状況の1つに落ち着くというような過程はないのである．あなたとともにゲームをプレイする悪魔など存在しないのだ．そうあってほしい！）

5.3　客観的ベイズ主義は確率の解釈なのか？

客観的ベイズ主義への批判を手短に見ていこう．さらに，客観的ベイズ主義と論理的解釈の関係性も探ってみよう．というのも，これらの関係性については，まだ多くを述べていないからである．しかし，その前に，混乱しがちな点をあらかじめ確認しておこう．ここでもダイアログを用いる．

> 学生1　ちょっと待ってください．私，混乱してしまいました．
>
> ダレル　何についてだい？
>
> 学生1　私たちは，確率の解釈の議論をしていることになっていませんでしたか？
>
> ダレル　そうだよ．
>
> 学生1　でも客観的ベイズ主義者たちは確率の数学的公理以外の条件を満たす数字――合理的信念の度合い――に関心があるように見えます．つまりそれらの数は，補正と曖昧化の規範も満たさなければならない．
>
> ダレル　いいとこをついてるね．だけど，多くの数の集まりが，確率とは言えなくても，確率理論の公理を満たす一方で，このことは前に触れ

76

なかったけど，ケインズはいくつかの確率関係は数的ではないと主張するにいたった.

学生1　私は，数学的概念を解釈しようとしているという印象をもっていたのですが….

ダレル　私は，1章でそのように問題設定をしたよね．だけど，次のように考えることもできるよ．客観的ベイズ主義は，それらの数学的概念がさまざまな文脈でどのように用いられるべきかを扱うために作られている，と.

学生2　それをストレートにとらえるとすると，客観的ベイズ主義者は，数学的確率のいくらかは主観的に解釈されるべきだということを受け入れることができるってことですか？例えば，ある主体が確率の制限は満たしているけれども，他の2つの制限は満たしていない信念の度合いをもっている場合とか.

ダレル　そういうことになるね.

学生1　わかりました．でも，依然として「解釈」という観点から考察するのは少しミスリーディングではないかと思うのですが.

ダレル　それはそんなに不合理なことでもないよ．それに，私たちは「確率」っていう言葉をどのように用いるかで言い争いをしたいわけでは決してないからね！もし，その考え方が君にとってしっくりくるんであれば，解釈という観点からは考えなければいい.

学生1　このように考えるのはどうでしょうか．主観主義者と客観的ベイズ主義者の議論は，人々がものごとをどのように考えているかを明らかにする際の確率の数学理論の役割についてのものである，と.

ダレル　いいね．いずれにせよ，私たちが確率の哲学をやっていることに変わりはない.

まとめると，1つの選択肢は，数学的な確率概念を数学が運用される以前に私たちがもっている確率の観念など，他の何かを記述する道具としてとらえるということ．もう1つには，もし「確率」を数学的概念として維持したいのであれば，私たちはその概念を適用する正当な方法を模索しているのだ，と見るこ

ともできる.

5.4 客観的ベイズ主義への反論

では，客観的ベイズ主義への反論を検討していくことにする．引き続きダイアログを見てみよう.

学生1　私は，「補正」の規範に問題があると思います.

ダレル　というと？

学生1　経験主義に強硬に反対している人——したがって，その人は，観察された頻度は，未来に何が起きるかに関する判断の形成と無関係であるということを信じている——が，もし観察された頻度に注意を払わないのであれば，非合理的である，というのは不自然に見えます．私が言おうとしていること，わかりますか？

ダレル　興味深いね．補正の規範の意味するところは，頻度を看過することは非合理的であるということであるように見える！　でも，それは，信じがたいと言うわけだね．だけど，私は，客観的ベイズ主義者——少なくともそのいくつかのバージョン——はある種の状況においては，人間が頻度を無視した証拠をもち，それにもとづいて行動することを許容できると思う.

学生2　「非合理的」を外的な観点から見ることもできるかもしれませんよね．つまり「非合理的である」ことを信頼できない仕方で物事を考えることと見なすこともできる．内的に整合しているといったことよりも….

学生1　私もそう思います．だけど，そうすると，主観主義者と客観的ベイズ主義者が究極的に「合理的」を別の仕方で理解しているのか，そして，根本的に異なる認識論的立場をとっているのかということさえわからなくなります.

ダレル　それは洞察に富んだ指摘だね．実際，私は彼らの意見の違いのいくつかがそのような仕方で説明できると思っている.

5 客観的ベイズ主義

学生2　興味深いですね．次の話にうつってもいいかな？

学生1　どうぞ．

学生2　僕の懸念は，補正の規範と曖昧化の規範の相対的な優先性についてのものです．これまでの話と少し異なりますが，つながりはあります．

ダレル　興味深いね．

学生2　そうだとうれしいです．さて，僕の考えは次のようなものです．前の章の最後で独立した出来事について話したのを覚えていらっしゃいますか？　そう，赤と緑のライトを切り替えるやつです．曖昧化の規範によれば，出来事が依存関係にあるという証拠がないかぎり，独立していると前提すべきであるように見えます．

ダレル　例は出せるかい？

学生2　もちろんです．6面のサイコロを転がすことについての合理的な信念の度合いを考えてみてください．これまでの試行の50％で，「3」という結果が出たということだけがわかっているとします．なぜ，次の試行で「3」が出る確率を0.5と考えるべきなのでしょうか？

ダレル　とても微妙な話だね．私たちが，サイコロがどのように着地するかに関する情報——少なくとも，未来が，ある点で過去に類似するという前提をおくとして——をいくらかもっているということには賛同しなければならないよね？

学生2　そうです，でも僕の懸念は，僕が次の試行結果の情報にもとづいて行動すべきかということなんです．なぜ次のように考えてはいけないのでしょうか？　僕は，それぞれの試行の結果が独立しているのか，依存しあっているのかについての情報をもっていません．なので，曖昧化の規範によれば，僕は，依存しあっているということと独立しているということに，1/2という同等の信念の度合いを与えるべきだということとになります…．

ダレル　よく練られた疑念だね．客観的ベイズ主義者は，補正をした後に曖昧化をすべきだと言う．でも，補正に含まれることが——これが観察された頻度の話になると——曖昧化の精神とそぐわないように見える．

79

そして，それゆえ，曖昧化の精神の正当化を打ち崩してしまうように見える．こういうことだね？

学生2 その通りです．この点について言えば，ケインズの論理主義の方がよっぽど柔軟に思えます．

ダレル そうだね．でも，ちょっと付け加えてもいいかい．基本的に，客観的ベイズ主義者は「補正」を曖昧なままにして，頻度に関するいかなることについても明示的な言及をしないことができる——こうなると私たちが考察してきた客観的ベイズ主義とは異なるバージョンが帰結すると思うけど．

学生3 ええと．曖昧化とケインズが言及されたので，これらに関する別の懸念を提起してもいいですか？

学生2 ぜひとも．

学生3 客観的ベイズ主義は論理的解釈より本当に良い解釈なのでしょうか．第1に，曖昧化の「規範」は本当は，単に装いを変えた無差別の原理ではないのでしょうか．第2に，先生は，「補正」は曖昧なままにされうるとおっしゃいましたが，これは，ケインズがまさに自身の論理主義でやったことではないのでしょうか．

ダレル その反論を待っていたよ．

このことは，客観的ベイズ主義が一見して思われるほど，論理主義と異なるのかという問いを呼び起こす．次の節では，この点を扱おう．

5.5 客観的ベイズ主義 vs. 論理主義

学生1 先生は，客観的ベイズ主義は論理主義とそれほど変わらないと考えているようですが，それではなぜ，客観的ベイズ主義に1章を費やしたのですか？

ダレル さては私の論文を読んだことがあるんだね．君が正しいよ．私は，客観的ベイズ主義と論理主義とのあいだにそれほど違いがあるとは思っていない．それでも，客観的ベイズ主義に1章分費やした理由は2

5 客観的ベイズ主義

つある．第1に，私が間違っているかもしれないから！ 第2に，一般的には，「客観的ベイズ主義」は，確率の哲学では今でも論じられる立場の名前なのに対して，「論理主義」に着手している哲学者はほとんどいないから．

学生2　わかりました．ところで，なぜ，先生は，2つの立場がそれほど違わないと思うのですか．

ダレル　説明するね．ただ，この2つがある根本的な点で異なっているということを受け入れるところから始めさせてほしい．論理的解釈が，究極的には，命題間の客観的で論理的な関係——部分的含意と部分的内容の——に関わるものである一方で，客観的ベイズ主義は，（合理的な）信念の度合いに直接関わる．ただ，もし，合理的な信念の度合いが（ケインズのように）論理的関係を尊重するものであると考えるならば，あるいは，（ウィリアムソンのように）論理的関係が合理的な信念の度合いの観点から定義されるべきだと考えるならば，そのつながりは明らかになるよね．

学生1　なるほど．しかし先に進む前に聞きたいのですが，確率の論理的解釈を主張しながら，合理的な信念の度合いが論理的関係を尊重すべきであるということを否定することは，可能でしょうか．

ダレル　可能だね．ポパーの見解を参考にしてみよう．彼は，普遍的な科学法則の論理的確率は，私たちにとって入手可能ないかなる証拠に照らしても，ゼロであると論じた．基本的なアイディアは，次のようなものだ．いかなる有限の証拠も，無限に多くの理論と整合的である．だから，それらの理論の可能性について曖昧化するのであれば，私たちは，それらのそれぞれに，確率ゼロを割り当てなければならない．しかし，このことは，熱力学の諸法則みたいな普遍的科学法則を信じることが不合理であるということを意味するのかな．必ずしもそうではないよね．おそらく，それに反対するような証拠がないのであれば，証拠なしに何かを信じるというのはありだよね．例えば，実用的な理由から信じるとか．言いたいことはわかるよね．

学生1　はい，わかりました．パスカルの賭けが思い浮かびますね．つ

81

まり，たとえ神が存在するということの証拠をもっていなくても，天国に行く助けになるかもしれないので，神を信じるのは有用である．さらに，先生の言ったことは，ある種の「中間的な」見解，つまり，合理的な信念の度合いは，ときには論理的な関係を尊重すべきだが，場合によっては尊重すべきではない——あるいは，尊重しなくてもよい——とする見解とも整合しますね．

ダレル　　まさにその通りだね．

学生2　　それじゃあ，なぜ，先生が論理的見解と客観的ベイズ主義が異なる立場ではないと考えたかに戻りましょう．先生はなぜ，両者のあいだに，いま言っていたのとは別に，重要な違いはないと考えたのですか？　もう少し詳しく説明してください．

ダレル　　そもそもどうして両者が違うと思うのかを説明してくれるかな？

学生2　　わかりました．論理的解釈は補正の規範とは関係がない．この点についてはどうでしょうか？

ダレル　　実際のところ，それは見かけほど明らかではないよ．補正の規範を命題間の論理的関係に関する(経験的情報を含むかもしれない)規則ととらえることもできるからね．さっき考えた6面のサイコロの例に立ち戻ろう．私たちは，これまでの試行では，「3」の目が2回に1回出たということと，全部で6つの可能な結果があるということだけを知っている．数学も少しだけ知っている必要があるね．ここで，これらの命題と「次の試行の結果は3である」という命題のあいだの論理的関係はもしかすると0.5かもしれないよね？　そして，補正の規範が同種の事例で適用可能な一般的な規則だと考えることもできるよね？

学生2　　言いたいことはわかりました．つまり，補正の規範を受け入れながら，論理的解釈をとることもできるということですね．

ダレル　　そうさ．補正の規範が論理的解釈にとって不可欠ではないと論じることはできる．補正の規範を加えることで特定の種類の論理的解釈を採用することになると言えばね．だけど，補正の規範が適切なものだと考えているからといって，論理的解釈を拒否する理由はないんじゃな

いかな．

学生2 そういうことですね．論理的解釈は補正の規範が偽だということを含意するわけではないから，補正の規範が正しいことを示しても，論理的解釈があやまりであるということは示せないというわけですね．

ダレル その通り．他には何かあるかな？

学生3 そういえば，ケインズの論理的解釈だと，信念の度合いを測定する明確な方法がないということを言おうとしてたんですよ．だけど，いま思えば，これに対する先生の回答は，ケインズは賭けのシナリオや採点ルールによる方法で信念の度合いを測定することを排除してはいないというものになるのでしょうね．だから実際にケインズは，信念の度合いを測定する方法については，論理的関係に反したとしても，好きなやり方を採用することができたというわけですね．

ダレル 間違いないね．

学生3 では，曖昧化の規範が無差別の原理と異なるものなのかという問題に戻っても良さそうですね．

ダレル そうだね．そうしよう．実際，客観的ベイズ主義者たちは彼らの言うところの「最大エントロピーの原理」を用いるんだ．これは，ジェインズによって提案された．

学生3 最大エントロピーの原理って何ですか？

ダレル エントロピーは物理学でもち出される概念だ．ジェインズは物理学者だったからね．で，あまりテクニカルな話はしたくないので，彼の言を引用するだけにしておこう．以下の箇所でジェインズは，最大エントロピーの原理が無差別の原理とどうちがうのかについて述べている．

最大エントロピーの原理は，以下の本質的な違いはあるものの，不充足理由律［「無差別の原理」の別名である］（確率の枚挙以外の情報がない場合は，最大エントロピーの原理は不充足理由律に還元できる）の拡張とも見なせるかもしれない．エントロピーが最大の状態の配置は，そうでないと考える理由がないからというネガティヴな理由ではなく，欠如した情報へのコミットメントを最小限にするものとして，一意的

に決定されるからというポジティヴな理由から主張されるかもしれない.
(Jaynes 1957: 623)

学生3　　ずいぶんとまわりくどいなあ.

ダレル　　たしかにそうだね. というわけでかみくだいてみよう. ジェイ
ンズは2つの重要な主張をしている. (A)最大エントロピーの原理は, 可
能な結果しか知られていないときは, 無差別の原理に還元される. (B)最
大エントロピーの原理は, それがコミットメントを最小限にした信念の
度合いを帰結するということにより, その適用が正当化される. 無差別
の原理の適用は, この点によっては正当化されない.

学生1　　(B)について反論があります. 私たちは, いま, 先生に反論して
いることになっていますが, それでも(B)は間違っているように見えます.
いま, 先生が3章で引いていたケインズによる無差別の原理の定義を見
ているんです. これです.

無差別の原理とは, 次のことを主張するものである. もし, いくつかの
可能性の中で, ある1つの主語に述語を割り当てる知られた理由がない
のであれば, その知識に照らして, それぞれの可能な主語についての主
張には, 同じ確率が与えられる. それゆえ, 異なる値を割り当てる積極
的な根拠がないならば, それぞれに, 同じ確率値が割り当てられなけれ
ばならない. (Keynes 1921: 42)

ダレル　　引用ありがとう.

学生1　　どういたしまして. さて, 最後の文を見てください. ケインズ
は, 「異なる値を割り当てる積極的な根拠がないならば, それぞれに,
同じ確率値が割り当てられなければならない」と述べていますよね. 明
らかに, この点については, ケインズとジェインズは一致していますよ
ね.

ダレル　　そうだね!

学生1　　さらに, ケインズの無差別の原理に関する説明の中では, そう

でないと考える理由がないから，同じ確率値が割り振られるべきなんだとは言われていませんよね。ここで言われているのは，そうでないと考える知られた理由がない場合は，同じ確率値を割り振るべきだということです．

ダレル　まさにその通りだね．彼の説明の中に「だから（because）」は含まれていない！

学生1　ということは，ジェインズは，無差別の原理がネガティヴな理由から主張されるものだと考えた点で間違っているということになりますよね．つまり，(B)は偽なわけです．実際，無差別の原理の使用を支持する1つの議論は，ある命題が真か偽かについての情報がないときにそれが真（あるいは偽）だと仮定してしまうことを避けるのに，この原理が役に立つというものです．

ダレル　君が(A)についてどう考えているかも聞いといた方が良さそうだね．君は教師の仕事をよくうけもってくれるからね．

学生1　(A)も間違ってると思います．

ダレル　どうしてだい？

学生1　単純な話です．可能性のリスト以上の情報をもっていても，そのそれぞれに不均等な確率値を割り振る積極的な理由がないということはありえると思います．

ダレル　例はあるかな？

学生1　これまた簡単です．私はこれまでに何回もコインが投げられるのを見たことがあります．そして，「表」と「裏」の比がだいたい1：1になるということも知っています．したがって，私は，次の試行についての可能な結果以上のことを知っています．しかし，「表」と「裏」に別の確率値を割り振る根拠はもっていません．なので，無差別の原理によれば，同じ確率値を割り振るべきだということになります．

ダレル　その通りだ．

学生1　するとジェインズは間違っていたということになりますよね？どうしてなのでしょう？

ダレル　正直言うとね，言及しているわりに，ジェインズはケインズを

注意深く読んでいないと思うんだよ．だから，自身の依拠した内容をちゃんと評価できていないわけだ．私の意見に過ぎないから，他の人はそう思わないかもしれないけど．

学生3　それが哲学というものじゃないですか！

ダレル　それは私のセリフだけどね．

学生2　僕は，先生はちょっと手厳しいんじゃないかなと思いますけど．

ダレル　そうかもしれない．しかし，たとえ無差別の原理と最大エントロピーの原理が異なることを受け入れたとしても，だからといって何が，ケインズやその他の論理的解釈の支持者が後者を信奉することを引き留めるというんだい．ケインズは，たしかに，曖昧化の積極的な理由があるということは否定していないのだから．

学生2　そうですね．

学生3　話の腰を折って申しわけないのですが，僕がさっき言ってた客観的ベイズ主義に対する批判のポイントに戻ってもいいですかね．双方の原理の言うことに違いがないとしたら，両方とも，3章で見たホライズンのパラドックスみたいな問題に直面することになってしまうのではないでしょうか．つまり，いろんな仕方で可能性を切り分ければ，それぞれの原理を適用することで，いろんな確率値を割り振ることになってしまうのではありませんか．

ダレル　そうだね．実際，ジェインズはそのパラドックスに立ち向かうために多くの時間を費やしたんだ．一方で，ウィリアムソンはそれらのうちのいくつかは解決できないと認めた．彼は，ある種の状況においては，曖昧化によって，複数の結論が導かれるということを受け入れていたんだ．それでも，私たちは，曖昧化を実行すべきだと考えていたんだけどね．

学生3　わかりました．説明ありがとうございます．

ダレル　どういたしまして．当然ながら，ウィリアムソンの見解のもとでは，確率は，常に1つの値しかもたないとは限らない．例えば，ホライズンの事例だと，ある人が合理的であるために受け入れなければいけないただ1つの答えはない．複数の仕方で曖昧化が可能だからね．

学生3　理解しました．ということは，そういったパラドックスは，客観的ベイズ主義，あるいは，少なくともウィリアムソンの客観的ベイズ主義よりも，論理的見解にとっての方が，問題含みだということですね．

ダレル　おそらくね．でも，そういう事例で論理的確率が成り立つことを否定しながら，論理的見解を採用することは可能そうだよね．あるいは，否定はしないにしてもそれを算出するのがかなり難しいと主張するのは．

学生3　なかなか難しいですね．

5.6　主観主義から客観的ベイズ主義へ──解釈のスペクトル

以上のダイアログから明らかかもしれないが，主観的見解と客観的ベイズ主義のあいだには，実際に，解釈上のばらつきがある．主観主義と合理的な信念の度合いに関する確率の公理による制約に始まり，私たちは，基本的に，好みの制約を自由に加えることができる．例えば，曖昧化の規範を入れずに，補正の規範を加えてもよい．逆も大丈夫だ．また，より洗練されたアプローチも可能だ．例えば，文脈ごとに異なる規範を採用してもよい．例をあげると，曖昧化の規範を有限の分割不可能な選択肢に直面したときにだけ有効なものとしてもよい．3章で見た，私が大金を得た賭けの事例のように．あるいは，曖昧化を自分が有限で分割不可能だと信じている可能性についてだけ有効と考えるのもよい．可能な選択肢はいくらでもある．何を採用するかはあなた次第だ．

文献案内

客観的ベイズ主義を擁護している上級者向けの重要文献として，ジェインズ（Jaynes 2003）とウィリアムソン（Williamson 2010）があげられる．後者はだいぶとっつきやすく，中級レベルの部分もある．チルダース（Childers 2013: ch. 6）は，最大エントロピーの原理についての中級レベルの詳細な議論を扱っている．私の論文（Rowbottom 2008）では，中級レベルで，論理的解釈と客観的ベイズ主義の関係が考察されている．

6

集団レベルの解釈

これまでこの本で見た，ほぼすべての哲学者が次のことには同意する．すなわち，個人は信念をもつ．そして，個人は，信念の度合い——ないしは自身の信念についての確信の度合い——をももつ．合理的な人間がもつ信念の度合いは，一群のルールにしたがっており，これを特定する際には確率理論が役に立つ．

ところで，集団も信念をもつとは考えられないだろうか．そのように見えるのは確かだろう．実際，「私たちは信じている」という表現に不自然なところはない（Google で調べてみてほしい！）．例えば，諸科学分野の研究チームや政党による声明は，通常このような形でなされる．ということは，集団もまた信念の度合いをもつと考えるべきではないだろうか．「私たちは強く信じている」「私たちは強く確信している」「私たちは，確かにそう思っている」といった表現もまた，自然なものである．そして，以上のような表現が集団による確信の（強い）度合いを表現するために用いられると考えるのは自然なことだ．

次に考えるべきは，集団の信念の度合いが特定のルールに反するとき，個人と同様に，その集団もまた不合理であることになるのかということである．そして，確率の個人レベルの解釈（主観的解釈や客観的ベイズ主義）があるのと同じように，確率についての集団レベルの解釈というものがありうるのではないかという考えが生じるわけである．

そのような解釈として最初に提示されたのは，ドナルド・ギリースによる間主観的解釈である（Gillies 1991）．まずは，この見解のモチベーションを確認する．そのうえで，より最近になって私が提示した，新しい集団レベルの解釈（Rowbottom 2013b）を検討する．

6.1 集団のダッチブック

あなたが，賭けのブックメイカーであるとしよう．あなたは，何が起ころうとも利益を得られるような賭けの組み合わせを考えたい．理想的な方法は，同じ事象について，異なるオッズを受け入れる異なる相手を見つけることである．話を単純にするため，2つの賭けを想定しよう．次のように考えることができる．

賭けの相手 A は，まず，あなたに R 支払う．E が起こったら，あなたは A に S 支払う．
賭けの相手 B は，まず，あなたに U 支払う．E が起こらなかったら，あなたは B に T 支払う．

E が起こったら，あなたは，U 受け取り，$S-R$ 失う．
E が起こらなかったら，あなたは，R 受け取り，$T-U$ 失う．

それゆえ，U が $S-R$ より大きく，R が $T-U$ より大きければ，E が起ころうが起こるまいが，あなたは得をすることになる．

具体的な例を考えてみよう．A は，あなたに 50 ドル (R) 支払い，E が起こったら，あなたは A に 60 ドル (S) 支払う．B は，あなたに 50 ドル (U) 支払い，E が起こらなかったら，あなたは B に 60 ドル (T) 支払う．賭けの結果がどちらであっても，あなたは 40 ドル得ることになる．A と B が E に関して，誤って異なる賭け比率を受け入れたことで，あなたは利益を得ることができるということだ．このことを理解するには，4 章で見た，賭け比率 b と賭け金 S からなる bS を思い出すとよい．上の R は，bS として理解することができる．この場合，b は，E について A が受け入れた賭け比率である．同様に，U は $(1-b^*)T$ として理解できる．ここで，b^* は，E について B が受け入れた賭け比率である．

上の例で，ＡとＢは集団としてダッチブックを仕掛けられたのである．というのも，b と b^* の値は異なるからである．これらの賭け比率は，確率の公理を満たしていない．確率の公理にしたがうなら，Ｅが起こる確率とＥが起こらない確率は，合わせて1でなければならないが，ここにあげた事例では $b+(1-b^*)$ は1より大きいからだ．

6.2　集団のダッチブックと合理性

合理性，とりわけ，信念の度合いの合理性という観点からすると，上で見た集団のダッチブックの事例はどのような意義をもつだろうか．仮に，先の例のＡとＢが同一人物だとしたら，彼はたいへんまぬけなミスをしたことになる．この場合，Ｅが起こるかどうかについて彼自身がもつ情報は変わっていないにもかかわらず，異なる賭け比率で先の2つの賭けを受け入れたことになるからだ．（もし，彼が，1つ目の賭けの後に，Ｅが起こらないと強く確信できるような新しい証拠を獲得したなら，次の賭けでは，予期された損失を埋め合わせたいと考えるかもしれない．彼は2度目の賭けに勝って損失を50ドルから40ドルに下げようと考えるだろう．）

しかし，ＡとＢが別の人物である場合，その賭けが不合理なものと見なされるには，彼らが適切な仕方で関係していなければならない．例えば，あなたがＡで，私がＢであるとしよう．このとき，賭けの結果にかかわらずブックメイカーが得をするということが，あなたにとって問題になるだろうか．あなたが気にかけるのは，自分が賭けに勝って利益を得ることだけだろう．あなたが勝つために，私が負けなければいけないなどということはない（私たちは，別の賭けをしているのだ）．

だが，ＡとＢが財産を共有する夫婦，ロミオとジュリエットであるとしよう．2人は，共同の銀行口座をもっており，それぞれの賭けの資金はそこから引き出される．したがって，先に見た結果は，双方にとってわるいものである．彼らは，共同の口座から，40ドルを失ったのだ．それがあれば，その日は，2人でおいしいご飯を食べ，映画にも行けたであろう．

双方の視点から見て，それぞれの賭けが納得のいくものだったということは

ありえる．2人とも，自身のパートナーがどのように賭けるのか，あるいは，そもそも相手が賭けをするのかを知らなかったかもしれない．しかし，それでも，先の事例は，2人の意思決定能力が欠如していたことを示しているように見える．2人が携帯電話をもっており，互いに協力しあうために容易に相談することができたとしてみよう．そうだとしたら，彼らは，確実な敗北から容易に逃れることができたであろう．Eが起こるかどうかについて話しあい，情報提供をしあうこともできたはずである．この場合，彼らは，さまざまな情報交換を可能にする窓口をもっていたということである．要するに，賢いカップルは，資金を共有しているとき，そうすることが容易であるなら，どのようにお金をつかうかについて意見を一致させるために，議論をするのである．そのようなカップルは，確実な敗北につながるような投資は，間違いなく避けようとするのである．

　以上より，異なる人物による賭けの事例を用いて集団の合理性を考えるためには，（少なくとも）2つの条件が満たされていなければならない．第1に，(a)賭けの資金は，参加者間で共有されていなければならない．第2に，(b)賭けをする前に，参加者は情報伝達ができなければならない．以上が，ギリースの述べたことの概要である(Gillies 1991)．いくつかの点について，さらなる正確さを要求してもよい．例えば，賭けの前の情報伝達が双方向に可能でなければならないかについては，一考の余地がある（これは，読者への宿題にしておこう．手始めに，AはBと連絡をとることができないが，自身の賭けと衝突しないよう，Bに指示することはできるという状況から考えてみよう）．いずれにせよ，基本的な考え方は明らかだろう．

　だが，2つほど強調しておきたい点がある．第1に，賭けの「元手」は，必ずしもお金と解釈されなくてもよい．さらに言えば，家や車のようなモノである必要もない．ここでの「元手」は，賭けの当事者たちに共有され，双方が価値を見いだせる（それゆえ，関心をもてる）ものであればなんでもよい．このようなとき，経済学者は効用(utility)という概念を用いる．私にとっての1時間のランニングは，あなたにとってのそれよりも高い効用をもつかもしれない．一方で，ハンバーガーを食べることによる私の効用は，あなたにとってのそれよりも小さいかもしれない．したがって，あなたは，前者よりも後者を好むか

もしれないし，私はそうでないかもしれない．（私はベジタリアンであり，ランニングが好きである．しかし，あなたはおそらく，これとは異なる選好をもつだろう．）

第2に，「賭け」という表現も，文字通りに解釈される必要はない．この概念は，4章以来，おなじみのものだろう．ラムジー（Ramsey 1926）も述べたように，ある意味で，私たちは常に賭けをしている．私が，他の大学での常勤職のための面接を受けずに，オックスフォード大学での非常勤職をとったとき，私は，そこでたいへん実り多い経験ができること，そして，長い目で見ればそれが自分のキャリアにわるい影響を与えないということに「賭けていた」のである．そして，夕飯に何を食べるかを決める際には，あなたは，他の選択肢をとるよりもそれを食べる方が自分が満足するということに「賭けている」のである．

上記の2点を確認するために，もう1つ，例をあげておこう．ある罪を犯した3人の共犯者がいるとする．彼らは，もうすぐ警察が家にやってきて自分たちが逮捕されることを知っている．そこで，彼らは今後の動きについて，綿密な計画を練ることにした．そして，警察による尋問の際には，自分たちと事件の関連性について話を合わせて罪を逃れようということで一致した（彼らは，まったく同じ話をするとあやしまれるということには気づいていた．警察は，供述がまったく同じであるなんてことはありえないとわかっている）．ここで，それぞれの共犯者には，裁判にかけられること，あるいは，そこで有罪判決を受けることを避けるためにも，互いに一致した意見にしたがって行動する理由があると言える．また，有罪判決になったときに，それぞれ異なる刑が与えられることがわかっていたとしても，このことは変わらない．例えば，1人の共犯者は，過去に2度逮捕歴があり，三振アウト法によって，次の有罪判決では重い刑が与えられるということがわかっているとしよう．一方で，他の2人は，前科がないため，裁判ではもう少し慈悲深く扱ってもらえそうである．このような場合であっても，3人が共謀する理由はある．互いに協力しあわなければ，全員が罰金や社会奉仕活動あるいは獄中生活を余儀なくされてしまうからである．

6.3 間主観的見解
——ギリースによる集団の信念の度合いと意見の一致

　前節では，集団がダッチブックをこうむることを避けるために，意見の一致が重要になるような状況があるということを確認した．より正確には，「確率の公理にしたがう賭け比率を採用することで，集団のダッチブックを回避することができる」とも言えよう．ある集団が，そうすることができるときに，自分たちを外的搾取から守るならば，その集団は合理的であると考えられる．一方で，そうすることができるのに，しない場合は，その集団は不合理であると考えられる．

　しかし，どうしてこのことが集団の信念の度合いと関わるのだろうか．「私たちは信じている」という表現が自然なものであるということは，先に見た通りである．しかし，このことだけでは，その構成員の個別の信念を超えて，その集団が実際に信念をもつのかどうか，あるいは，「集団の信念」なるものがどのようにして個人の信念と関わるのかということはわからない．そもそも，本当に，集団の信念について語る必要があるのだろうか．それとも，集団の賭け比率について語ることができれば，それで十分なのだろうか．

　ギリースは次のように述べている．

　　ほぼすべてというわけではないが，私たちの信念の多くは，その性質からして社会的なものである．この種の信念は，当該の社会集団を構成するほぼすべての人間によって構成されており，普通，個人は，この社会集団との相互作用を経て，これらの信念を獲得する[…]．もちろん，異端者もいるが，実際のところ，個人が，自分の所属する集団において支配的な信念を受け入れることに抵抗するのは難しい．個人の特定の信念があるのと同じように，社会集団の信念についての一致というものもあるのである．実のところ，前者よりも後者の方が基礎的なのかもしれない．（Gillies 2000: 169-70）

ギリースの意味するところを理解するために，証言の重要性というものを考えてみよう．あなたは，自分が知っていること，あるいは，自分が知っていると思っていることのうち，どれだけのことを，他の人に頼らずに自分だけで学習しただろうか．決して多くはないだろう．あなたは，正規の学校教育を受け，両親(あるいは，その他の適切な集団)にしつけられたはずだ．また，友達や知り合いから何かを学ぶこともあっただろう．そして，いまもあなたは，私の証言にもとづいて新たな信念を形成しようとしている．この過程で，あなたが，私が属する確率の哲学者からなる集団がもついくつかの信念を受け入れているということは明らかだ．

だが，ギリースは，なぜ個人の信念よりも社会的信念「の方が基礎的なのかもしれない」と述べたのだろうか．彼は，社会的信念を個人的信念と存在論的に独立したものとは考えなかった．むしろ，社会的信念は，その存在について，個人の信念に依存していると考えていたのだ．つまり，社会的信念 p の存在は，(その社会の構成員がもつ)多くの個人的な信念 p の存在によってのみ成立させられると考えていたのである．だがその代わりに，ギリースは，社会的信念は，(単なる)個人の信念にはない変化への耐性をもつと考えていた．因果的に考えてみるとよい．あるコミュニティでは，ほとんどすべての人が p であると信じているとしよう．このことは，このコミュニティにやってきた新しいメンバーに p を(しだいに)信じるようにさせるという傾向をもつ．たまたま not-p を信じている新メンバーが，この集団が not-p を信じるように説得することに成功するというのは，ほとんどありそうにない．(あるグループの信念が他のグループの信念に与える影響は別である．これは，ある程度はスケールの問題である．例えば，科学者のコミュニティが大衆の信念に与える影響を考えてみよう．大衆の信念と科学者の主張が相いれないときは，やはり，強い反発心が露呈する．かつて，地球が太陽のまわりを周回しているという説が，聖書の話と相いれないために，間違っていると考えられていたことを考えてみてほしい．)

以上の話を拡張すれば，集団の信念の度合いは共有された信念の度合いと同じであると考えられる．そして，この考え方は，ギリースが間主観的確率と呼ぶものと合致する．「間主観的[解釈]：ここでは，確率は，意見の一致に達したある社会集団の信念の度合いを表す」(Gillies 2000: 179)．任意の命題 p と任

意の集団 G を考えよう．G のメンバーが意見の一致に達していないかぎり，G が p についての信念の度合いをもつことはない．また，G が p についての信念の度合いをもっていないかぎり，G は p についての確率をもたない．それゆえ，G のメンバーが意見の一致に達していないかぎり，G は p についての確率をもたない．以上が，ギリースの見解である．

それでは，G における p についての意見の一致のためには何が必要なのだろうか．ギリースによれば，このためには，G のすべてのメンバーが，p についてまったく同じ個人的な信念の度合いを共有していなければならない．さもないと，賭け比率が個人の信念の度合いと一致するということを前提すれば，この集団がダッチブックをこうむりかねない仕方で，あるメンバーが p についての個人的な賭けを受け入れてしまうかもしれない．

確率の公理を満たす，集団内で一致した信念の度合いとして理解された間主観的確率をどのように用いることができるかを理解するために，ギリース自身の例にもとづいた，次の例を考えてみよう (Gillies 1991: 529-30)．物理学の同じ分野で競合する 2 つの研究グループ G_1 と G_2 があるとしよう．さらに，同分野には，単独で研究をしている異端科学者 D もいるとする．G_1 のメンバーは，理論 T_1 が正しいことを示そうとしている．G_2 のメンバーは，別の理論 T_2 が正しいことを示そうとしている．そして，D は，T_1 も T_2 も正しくないと考え，両理論を論駁しようと躍起になっている．

この状況は，次のように描写することができる．すべての科学者——G_1 と G_2 のメンバーおよび D——は，T_1 と T_2 が，ある証拠 E を，同程度にうまく予測する理論だということについては(合理的に)一致している．したがって，確率が間主観的で，当該分野のすべての科学者と関わるものなのだとしたら，$P(E, T_1) = P(E, T_2)$ ということになる(例として，ウサギについての次のような理論を考えてみよう．T_1 は「すべてのウサギは，黒色か白色である」であり，T_2 は「すべてのウサギは，黒色か茶色である」であり，E は「これまでに観察された 1000 匹のウサギはすべて黒色であった」である)．しかしながら，これらの集団は，それぞれの理論が証拠とは独立にどれだけもっともらしいかについては対立している．G_1 の間主観的確率によれば，$P(T_1) > P(T_2)$ であるが，G_2 の間主観的確率によれば $P(T_1) < P(T_2)$ である．また，D は，

$P(T_1)=P(T_2)=r$ であり，かつ r はかなり小さいと考えている．これは D の主観的確率である．したがって，D によれば $P(\neg T_1 \& \neg T_2) \gg P(T_1 \vee T_2)$ であるが，G_1 と G_2 は，これと対立する見解，すなわち，$P(\neg T_1 \& \neg T_2) \ll P(T_1 \vee T_2)$ をとっている．論理学に慣れていない人のために平たい言葉で置き換えると，G_1 と G_2 は，T_1 と T_2 のどちらかは正しいと考えているが，D は T_1 と T_2 が両方とも間違っていると確信しているということである（証拠 E について，T_1 と T_2 の双方が正しい可能性もあるので，上では，（排他的選言ではなく）「$\vee$」を用いた．すべてのウサギが黒いかもしれないのだ）．

この例から，科学がどのように進歩するのか，あるいは，政治やビジネスにおいて個人と集団が相互に影響を与えあうような状況を考えるときに，間主観的確率——意見の一致のうえでの信念の度合いとして理解された——が，どのように役に立つのかがわかったであろう．だが，以下では，間主観的確率がより広い意味で考えられるべきであるということを論じたい．

6.4 代替案——賭け比率を用いることについての意見の一致

私は，間主観的確率があるということについては，ギリースに同意する．しかし，間主観的確率が必然的に，集団の信念の度合いを，あるいは，集団の信念でさえも，反映しているということには反対したい．そこで，まずは，私の代替案を擁護するポジティヴな議論を提示しよう．つまり，以下では，間主観的確率は，意見の一致にもとづいた賭け比率として理解されるべきだということを論じる．次の思考実験を考えてみよう．

大将と配下の将校たちが，戦略会議のために集まっている．彼らの共通の目的は，戦闘に勝利し，軍への被害を最小限に抑えることである．まず，大将は知っているかぎりの敵の軍勢と配置および自軍の情報を公開する．続いて彼は，将校たちに，最終的に起こりうるシナリオにおいて採用できる適切な戦術および戦略を尋ねる．議論は長引き，白熱する．種々の議論が提示されたが，将校たちのあいだでは，どうするのが最善かについて，ほとんど合意が得られなかった．ここで，時間切れになってしまった．敵軍は動き出した．大将は決断しなければいけない．そして，彼は決断した．自身が最も良いと考えた意見にも

とづき，将校たちに命令をくだした．彼は，作戦の概略を示す．将校たちは，命令を承認し，作戦の実行に賛成する．

将校たちが会議室を離れ，自身の部署に戻るにつれ，彼らは，作戦についての意見を漏らしはじめた．一部の将校は，その作戦は許容範囲であるものの，理想的ではないと考えていた．中には，その作戦が無謀だと考える者もいた．すべての将校が同意していたのは，その作戦がつじつまの合ったものであること，そして，彼らの部隊が実際に同じ目的のために動くであろうということくらいだ．それでもなお，彼らは皆，作戦を実行することを心底誓っていた．というのも，それぞれの隊員がバラバラに行動したら，悲惨な結果になることは目に見えていたからだ．つまり，共通の利害から，彼らはチームとして働くことを受け入れていたのだ．

この場合，この集団(軍隊)は，集団の利害が関わり，集団が外的な力によって蹂躙される危険にさらされている文脈で，共通の賭け比率を採用することに賛同していたのだ．そして，もし，その賭け比率が確率の公理に逆らうなら，この集団は，ひどい目にあってしまうのだ．例えば，砲兵隊の作戦が，ある場所を砲撃することであり，味方の歩兵の作戦が同じ場所を占拠することであるとすると，このようなことが起きてしまう．(これは，実質的に，敵軍だけがその場所にいるということについての賭けと，同盟軍がそこにいるはずだということについての賭けであると考えられる．つまり，ここには，味方を殺したくないとか，砲兵隊による砲撃は多くの兵士を殺してしまうといった，隠れた前提があるのである．)

将校たちは，戦闘がどのように展開するか(そして，結果的にどの作戦をとるのが最善なのか)について，信念の度合いはもちろんのこと，信念をも共有してはいない．例えば，敵軍がどのような配置につくかといったことに関して対立している．しかし，彼らは皆，大将が考える通りに敵が動くものとして行動する(したがって，将校たちはそれに影響を与える機会はあったものの，実際には，大将の個人的な信念の度合いにもとづいて行動するということについて同意しているのである)．

さらに，将校たちは，戦闘がどのように展開するかについての(そしてそれゆえ，指示された作戦の有効性についても)個人的な賭け比率さえも共有して

いない．このことを確認するのは簡単である．一部の将校たちが，会議後もし
ばらく残っていたとしよう．彼らは，大将の決断に肯定的であったが，議論を
続けていた．それを聞いた大将が，不敵な笑みを浮かべながら将校たちに次の
ような賭けをもちかけた．もし，戦闘に勝ったら賭け手は昇格する．もし負け
たら降格する．何人かの将校は，勇んでその賭けにのった．他の将校たちは，
賭けにのるかを決めあぐねていた．さらに他の将校は，丁重に断った．これは，
一部の将校が他の将校よりもリスク回避型だったからではない．そうではなく，
すでに決まった作戦のもとで戦闘がどのように展開していくかについて，それ
ぞれの将校が異なる見込みをもっていたからだ．（大将はやや狡猾であった．
彼は，賭けにのった者たちが，勝利をより確かなものにするため，より懸命に
戦うに違いないと期待していたのだ．）

　私の結論としては，確率によって，集団の（合理的な）信念の度合いではなく，
集団の（合理的な）賭け比率を表すのは理にかなっている．そしてこのことは，
集団の信念の度合いが集団の賭け比率に一致することがあるということを否定
するものではない．

6.5　ギリース vs. ロウボトム

　ギリースの間主観的見解と私の代替案を比較するために，ダイアログを見て
みよう．これにより，両者の違いがより鮮明になるであろう．

　　ダレル　　ギリースの見解を擁護したい人はいるかな？　偶然にも，彼は
　　　私の先生だったんだ．だから，この中の誰かは，彼の議論を支持するべ
　　　きだ！
　　学生1　　わかりました．実際，私は，先生は，もうちょっと彼の間主観
　　　的確率の説明を寛容に解釈することもできたんじゃないかなと思ってい
　　　ます．
　　ダレル　　どういうことだい？
　　学生1　　そうですね．まずは，彼の主要論文から引用させてください．

ある集団が実際に［他の合意された賭け比率と合わさって確率の公理を
満たすような］賭け比率について合意に達しているとき，このような賭
け比率は当該の社会集団の間主観的あるいは合意に達した確率と呼べよ
う．(Gillies 1991: 517)

ダレル　　よく見つけたね．ただ，君は，ギリースが多くの場面で集団の
　　信念や信念の度合いについて語っているということは否定しないわけだ
　　よね？
学生1　　はい．そのことは否定しません．ただ，先生は，ギリースが集
　　団の信念の度合いを共有された賭け比率ととらえ，個人の信念の度合い
　　を個人の賭け比率ととらえていたという可能性は考慮しましたか？
ダレル　　そのことは考えたよ．それが正しいかどうか，確信はないんだ
　　けど，君が引いてくれた論文の最後の部分に，次のような段落があるん
　　だ．

　　主観的確率と間主観的確率に関する本当の問題は，次の通りである．す
　　なわち，ダッチブック論証によって導かれた信念の度合いの定義を含む
　　人間の信念についての理論は，重要な心理学(あるいは社会学)理論たり
　　うるだろうか．そのような理論は，科学者たちの信念と確証の判断を解
　　明する助けになるのだろうか．(Gillies 1991: 532)

学生1　　私もその部分に気づきました．そこからわかるのは，私が提案
　　した通り，ギリースが信念の度合いを操作的な仕方で，つまり，賭け比
　　率として理解していたということだと思います．
ダレル　　本当にそうかはわからないと思うな．だって，この引用箇所の
　　直前で，彼はラムジーによる信念の度合いについての議論を引用してい
　　るから．ラムジーの議論については4章で扱ったよね．その後で，彼は
　　次のように書いている．

　　Xの信念は，さまざまな仕方で，Xの行動に影響を与える．しかし，

信念を測定可能なものにするためには，その中からただ1つ，信念がも
たらす特定の観察可能な結果を選び出さなければならない．そして，そ
の結果というのは，先に見た条件のもとで賭けを強いられたときにX
が行うであろう賭け比率の選択である．私たちは，信念がもたらすこの
結果を測定基準として用いるのである．（Gillies 1991: 532）

学生1　よくわかりました．つまり，ギリースが実際に前提していたの
は，賭けのシナリオが，実質的に，信念の度合いを測定するものだとい
うことですね．

学生2　そうだね．そして，先生がこれに反論するのであれば，4章で
見た主観的見解を支持するダッチブック論証についての批判的議論に立
ち戻ることになるのではないでしょうか．

ダレル　言いたいことはわかったよ．だけど，私の見解を次のように考
えてみてくれないかな．私は賭けのシナリオが信念の度合いを実質的に
測定することがあるということを否定しているのではない．私が言いた
いのは，この測定がうまくいかないときでも，合理的な集団の賭け比率
が確率の公理にしたがうべきだということだけなんだ．

学生2　そして，それゆえ，合理的な集団の賭け比率としての正当な確
率解釈があるに違いない，というわけですね．

ダレル　その通り．

学生1　なるほど．しかし，だとすると，ギリースによる間主観的確率
は，先生の言う間主観的確率の特殊事例だということにはならないです
か？

ダレル　そういうことになるね．あと，私とギリースのあいだには，こ
れまでに触れていない，重要な見解の違いがあるんだ．

学生2　というと？

ダレル　私の見解では，1人の人間が，1つの賭けについて，個人的に
賭けにのぞむのか，集団の一員として賭けにのぞむのかに依存して，異
なる賭け比率を採用するということが合理的になされうると言える．

学生1　どういうことでしょうか．

ダレル　　大将と将校たちの例を思い出してみよう．将校たちがどのように賭けるかは，それが個人的な関心事——例えば，将来の昇格や降格——に関わるのか，それとも軍全体に関わるのかに依存しているよね．

学生1　　もうちょっと単純な例を出してもいいですか？　わかりやすくするために．

ダレル　　もちろんだよ．ぜひそうしてくれたまえ．

学生1　　ありがとうございます．最小限の人数ということで，2人の人間からなる集団を考えましょう．18歳の双子の兄弟です．彼らには，なき母が残した信託基金があります．そして彼らは，どの株に投資するかを選ばなければなりません．彼らが30歳になると，その基金を山分けします．

学生2　　いいね！　そして，彼らは，どの株を買うかでもめるというわけだね？

学生1　　その通り！　彼らは，どの株を買うかで対立している．だけど，投資はしなければならない．一方は，会社Aに投資したい．もう一方は，会社Bに投資したい．ただ，AとBは同じ市場のライバル会社で，Aが成功したら，Bが失敗するということは明らかなの．逆もしかりよ．だから，彼らはそれぞれ，基金の半分をそれぞれの会社に投資するわけにはいかないの．

ダレル　　それで，彼らはどうするんだい？

学生1　　彼らは，AとBに製品供給をしている3つ目の会社Cに投資することで一致します．この方法だと稼げるお金が少なくなると考えながらも，この妥協点が，2人の共有資金を守る唯一の方法だと理解するわけです．

学生2　　話はそこで終わらないよね？

学生1　　ええ終わらないわ．実は，2人とも，基金とは別に貯金をしていて，どの株に投資するべきかについての自分の考えが正しかったと，相手に示したがっているの．一方は，貯金を全部Aにつっこんで，もう一方はBにつっこむのよ．どちらも，Cへの投資が最善だとは考えていないわけだから．

学生2　いまの話に出てきた彼らの行動は全部，不合理じゃないよね！

ダレル　すばらしい例だ！　投資できるのがその3社だけだという条件を加えれば，より厳密になるね．

学生2　少し変更を加えれば，賭け比率も明示化できますよね．例えば，その会社がうまくいった場合，2人が30歳になるころには，AまたはBへの投資額が2倍になるとしましょう．すると，せいぜい一方の会社しか生き残らないとすると，AとBに同額投資した場合，利益はゼロかマイナスということになりますね．

学生1　そうね．さらに，Cに投資してCが生き残っても，投資額の1/4しか増えないというのを加えてもいいかもね．

学生2　そうだね．だから，双子の一方は，Aへの投資だけが公平な賭けになると考える．もう一方は，Bへの投資だけが公平な賭けになると考える．両方とも，個人的には，Cへの投資は公平じゃないと考えている——2人とも，リスクを考えると，この投資で得られる利益は十分ではないと考えているから——けれど，2人の共同資金を守ることを考えれば，この賭けを選択するべきだということで一致している．

ダレル　すばらしいね！　いまの例は，今後つかわせてもらうよ．

学生1　その場合には手数料をいただきます．と，冗談はさておき，まだ終わりじゃないのです．私は別のことを考えていまして….

ダレル　どんなことだい？

学生1　先生の見解だと，この双子のそれぞれの個人的な信念の度合い——ここで考えられている問題についての——が確率の公理を満たすかどうかは問題にならないということになります．仮に満たさなくても，彼らは間主観的な確率をもてることになりますから．

ダレル　それは正しい．私の見解だと，主観的確率がなくても，間主観的確率はありえることになる．

学生2　これは，先生の見解の利点であるように思われます．

6.6 間主観的確率から間客観的確率へ——新たなスペクトル

　最後に，確率の間主観的解釈の別の修正案を検討しておこう．これまで述べてきたことにもかかわらず，集団の賭け比率（そして／あるいは集団の信念の度合い）は，ただそれによって当該集団がダッチブックをこうむることを防げれば，集団の確率と見なされる．しかし，このことは，問題の集団における賭け比率（あるいは信念の度合い）についての意見の一致が，さまざまな仕方で実現しうるということと整合する．そして，それらの中には完全に不合理なものもある．その集団がカルト集団で，メンバーがリーダーをあがめるように洗脳されていたらどうだろうか．あるいは，その集団が賭け比率にランダムな数字を割り当てており，たまたまその数字が確率の公理を満たしていたらどうだろうか．それでも私たちは，それが集団の確率だと言わなければならないのだろうか．

　これを否定し，集団の合意が集団の確率を導くには，それが特定の仕方で実現されなければならないとするのは理にかなっている．例えば，問題の事象についての重要情報が集団内で共有され，それにもとづいて賭け比率が割り当てられなければならないという条件を課す人もいるかもしれない．さらに，（もしいるなら）専門知識をもったメンバーが集団の意思決定を主導しなければならないとする人もいるかもしれない．私はそういった選択肢をいくつか検討しているが（Rowbottom 2013b），どれも擁護はしていない．そこでの私の目的は，それらの選択肢に目を向けさせることにある．（厳密な）主観的解釈に代替案のバリエーションがあったように，（厳密な）間主観的解釈にも代替案のバリエーションがあるのだ．

　合理的な集団の賭け比率（あるいは信念の度合い）は，常にユニークな値をもつと考える人さえいるかもしれない（おそらく，ウィリアムソンのような客観的ベイズ主義者にしたがうなら，そうとはかぎらない）．賭け比率を決定するただ1つの正しい手続き（あるいは同等の手続きの集合）があり，これは（正しく遂行されるなら）ただ1つの賭け比率を導くかもしれない．したがって，主観的解釈の代替案として客観的ベイズ主義があったのと同じように，（厳密な）

間主観的解釈の代わりに間客観的解釈を考えることすら可能なのである.

文献案内

確率の集団レベルの解釈は比較的新しい立場であり,広く議論されてはいない.（それでも,私は,この立場が興味深く,また,潜在的には重要であるということを示せたと思う.）中級〜上級レベルで見るべき文献は,この章ですでに言及した(Gillies 1991; Gillies 2000; Rowbottom 2013b).

7

頻 度 説

　この本の最初で，確率に関する情報ベースのアプローチと世界ベースのアプローチの違いを確認した．以来，私たちは，前者のアプローチを中心に見てきた．しかし，これらの立場は，とくに，なぜ何かが起こるのか，あるいは起こりがちなのかを説明する段になると，種々の困難をかかえるのであった．カジノは，ほぼ確実に，利益を得る（だから，私は香港株式市場で，マカオにあるカジノの株を買った）．このことを，どのようにして情報の観点から，例えば，賭け手やカジノの経営者がもつ（合理的な）信念の度合いによって説明するのか．人々が，カジノのゲームは公平だと信じることは，それらが実際に公平であるかどうかとは無関係であろう．

　このことがわからなければ，世界中のカジノが負けだすことを考えてみてほしい．最初は，これは「運」の問題だとして片づけられるだろう．しかし，これが続いたらどうだろうか．私たちは，ギャンブラーたちがイカサマをしていると疑いだすのではないだろうか．ここでさらに，イカサマなど行われていないとわかったらどうだろうか．それでも私たちは，それぞれのゲームでの勝利の確率がこれまでと変わらないと考えるだろうか．そうではないだろう．この場合，私たちは，確率を修正するのだ．

　これまでにも見たように，確率に関する情報ベースの見解の一元論者によれば，私たちは常に，自身のもつ情報——カジノでのゲームの結果などに関する——が変化したというだけの理由から，確率の見積もりを変えることがありえる．しかし，世界ベースの見解の支持者は，思考実験に変更を加えることで，応答する．誰も信念をもたないようなカジノを想像してみよう．ゲームはすべて自動化されている．ギャンブラーはみなロボットである．このとき，賭けが公平かどうかについての事実は存在しないのだろうか．それとも，この世界に信念をもつものが1個も存在しなくても，勝利の確率というものは存在するの

107

だろうか.「存在する」と答える方が理にかなっていると思われる.((今日で
さえ)株の取り引きを行うコンピュータープログラムは存在する.したがって,
将来,これに似た仮説的な状況は実現するかもしれない.ロボットがその持ち
主の代わりに賭けを行うカジノを作ったとしよう.その後に,凶悪な伝染病に
よって人類が全滅してしまうと,そのような状況になる.)

7.1 有限の経験的な集まりと現実の相対頻度

世界ベースの見解によると,確率は,物理的世界の側に,「私たちとは独立
に」存在する.確率の存在は,私たちにも,命題や言語にも依存しない.そし
て,このことは,私たちが確率とその値を経験だけによって学習するというこ
とを帰結する.だが,この世界ベースの確率というものをどのように理解すれ
ばよいのだろうか.

この章で考察する立場はすべて,確率とは事物のグループ,すなわち,集ま
り(collective)に関するものであるというアイディアを基本にしている.科学者
でもあり,数学者でもあったリヒャルト・フォン・ミーゼスは次のように述べ
ている.「第1に集まり,次に確率だ」(von Mises 1928: 18).そして,私たちは
今,世界ベースの確率を扱おうとしているのだから,世界ベースの事物のグル
ープ,つまり,経験的な集まり(empirical collective)から始めた方がよいだろ
う.このような集まりは,繰り返される事象だけでなく,集団的現象とも関わ
っている.すなわち,ここで問題になるのは「同じ事象が何度も繰り返される
か,多数の一様な要素が同時に関わるような」(von Mises 1928: 12)事例という
ことだ.

そのような集まりの1つの例としては,「これまでに生まれたウサギ」があ
げられる.この集まりは有限である.全部で n 羽のウサギがこれまで生まれ
たとしよう.この集まりに関する確率とは,どのようなものであろうか.1つ
の見解は,この確率は,色やサイズなどのウサギがもつ属性とその集まり内で
の属性の頻度にだけ依存するというものである.例として,「あるウサギは黒
い」という文を考えよう. n 羽のウサギの集まりのうち, m 羽のウサギが黒い
なら,この確率は, m/n である.これは,黒いウサギの(これまでに存在した

すべてのウサギに対する)現実の相対頻度である．明らかに，この値は，0 以上，1 以下である．また，黒いウサギが m 羽なら，黒くないウサギの数は $n-m$ であるから，黒くないウサギの現実的な相対頻度は $n-m/n$ であり，これは，$1-m/n$ と同値である．さらに，黒いウサギまたは黒くないウサギの現実的な相対頻度は，$(m+n-m)/n=1$ である．したがって，これらの現実的な相対頻度は，確率の 1 つ目の公理と 3 つ目の公理(確率の公理については付録 A を参照)を満たす．同じように考えれば，他の公理も満たすことがわかる．(黒い半人兎の相対頻度が知りたいとしよう．この場合，黒いウサギの相対頻度に半分人間であるウサギの相対頻度を掛けることができる．例えば，すべてのウサギの半分が黒く，すべての黒いウサギの半分が半分人間であるとしよう．これらのことから，ウサギの集まりの 1/4 が，黒い半人兎であるということがわかる．)

　ここで，ある 1 羽のウサギが黒いという確率が，次に生まれるウサギが黒いという確率と関係がないことには注意されたい．次に生まれるウサギは，当初のウサギの集まりの構成員ではないからだ．この点を修正するのは簡単に思われるかもしれない．先に導入したウサギの集まりの代わりに，これまでに生まれたすべてのウサギと次に生まれるウサギからなる集まりを考えればよいではないか，と．たしかにそうだ．だが，これではまだ，「次に生まれるウサギは黒い」の確率を与えられない．これだけでは，より大きい集まりの中の黒いウサギの頻度を考えているにすぎないからだ．つまり，この見解では，最後に生まれたウサギが黒い確率，あるいは，任意のウサギについてそれが黒い確率は与えられない．この立場における確率は，有限の経験的集まりにおける黒いウサギの現実的な相対頻度としか関係がないのだ．どういうことか，よくわからなくても心配ない．この問題については，後でまた触れることになる．

　有限の経験的集まりにもとづいて確率を考えることには，論理的解釈のような，これまでに見た他の解釈の戦略に対する明らかな利点がある．それは，多くの日常的な事例で，観察によって確率を測定することが問題を生み出さないということである．基本的に，このような見解のもとでは，観察にもとづいた確率の測定は，実際に実現できるかは別としても，常に可能ではある．その場に行って，目で見て，頻度を記録すればよい．これをもとに，確率を知るか，

あるいは，（少なくとも）確率についてのデータを集めることができる．経験的集まりにもとづいた確率の理解が，科学者にとって魅力的にうつるのは，このためである．

しかし，残念なことに，確率が有限の経験的集まりにおける（属性の）相対頻度であるとする立場は，私たちがしばしば確率に対してもつ考えや確率に関する私たちの典型的な語り方と衝突するように思われる．第1に，これまでに1度も投げられたことがなく，これからも投げられることのないコインを考えてみよう．このコインが投げられたとしたときに，表が出る確率はあるだろうか．この確率そのものはあるように見える．それでは，この確率は，情報ベースでなければならないだろうか．それは違うであろう．私たちがその値について何かを学習することが一切なくても，世界に根拠づけられた確率についての真理というものがあるように思われる．（すべてのコインの集まりを私たちが考えることはできないということに注意してほしい．表が出る頻度を算出するには，コイントスの集まりを考えなければならない．したがって，任意のコインについて，これまでになされたコイントスを考えることはできるが，これらの中には，上の例のコインは含まれていないのだ．）

第2に，数回しか投げられないまま，壊れてしまったコインを考えてみよう．そして，このコインについては，数少ない試行のすべてで表が出たとしよう．このとき，このコインが投げられたときに表が出る世界ベースの確率は1と考えられるべきだろうか．これもまた，間違っていると思われる．私たちは，コインを何回も投げれば，その確率についてもよりよく知ることができると考えがちである．そうだとすると，私たちの関心の対象は，有限の経験的集まりにおける現実の頻度ではないように思われる．

第3に，確率を有限の集まりにおける頻度ととらえることで，その他にも多くの興味深い結果が得られる．アラン・ハイエクの論文には，それらが列挙されている（Hájek 1997）．その中から，ここでは，2つ取り上げてみよう．ある特定のサイコロを振ると，6の目が出る確率が1/6であるということがわかっているとしよう．ここから，これまでに（これからも）そのサイコロが投げられた回数が，6の倍数であることが推論できる．さらに驚いたことに，これまでに（これからも）6の倍数以外の回数で振られたことのあるサイコロはすべて，

110

偏りをもつということになってしまう. そして, これまでに振られたことのあるサイコロの集まりについて考えると, すべてのサイコロの振られた回数の和が6の倍数でないならば, すべてのサイコロが偏りをもつということになってしまう.

以上をもってしても違和感をもたない人がいるなら, この見解によると, すべての確率が有理数でなければならないということを考えてみてほしい(有理数とは, n と m が整数であり, $m \neq 0$ としたときに, n/m という形で表現しうる数のことである). 量子力学では, 有理数でない確率値が登場する. したがって, 上記の確率に関する見解をとるなら, 量子力学が間違っているか, 量子力学における確率が世界ベースのものではないということを受け入れなければならない. あまりにも浮世離れした見解ではないだろうか.

7.2 無限の経験的集まりと現実の相対頻度の極限

上であげられた問題のいくつかは, 世界ベースの確率が有限の集まりではなく, 無限の集まりと関連づけて理解されると考えれば, 解消される. 無限の試行において, 常に表が出るコインを考えてみよう. このコインを投げたときに, 表が出る確率は, 直観的に1である. この場合, さらなる試行でどのような結果が出るかを気にする必要はない.

それでは, 確率を無限の集まりにおける相対頻度として定義してしまえばよいのではないだろうか. 数学の話をすれば, 極限についての操作を用いるのが便利である. 例えば, $(x^2-1)/(x-1)$ という式を考えてみよう. x が1であるとき, この式はどのような値をとるだろうか. この場合, 0/0 は定義不能なの

表7.1

x	$(x^2-1)/(x-1)$
0.999	1.999
0.9999	1.9999
0.99999	1.99999
1.00001	2.00001
1.0001	2.0001
1.001	2.001

表7.2

x	$1/x$
1000	0.001
10000	0.0001
100000	0.00001
1000000	0.000001

で，答えは与えられない（あるいは不確定である）．しかし，表7.1で見られる
ように，x を1に限りなく近づけていったときの値を考えることはできる．

　x が1に近づくにつれ，$(x^2-1)/(x-1)$ の値が2に近づいているのは明らか
だ．したがって，x を1に近づけたときの $(x^2-1)/(x-1)$ の極限は2であると
言える．これにより，無限遠における値を考える際の道具が与えられたことに
なる．単純な例として，$1/x$ を考えてみよう．x が無限に近づいたときの $1/x$
の値はどうなるであろうか．表7.2からわかるように，その値は0である．

　数学的には，無限における極限によって相対頻度を語ることに問題はない．
しかし，私たちが経験的な集まりについてだけ確率を考えるのであれば，確率
をそのように定義することは，明らかに問題含みである．たしかに，本質的に
無限であると思われる経験的集まりはある．例えば，少しずつ少しずつ小さく
なっている地球の平均自転速度を考えてみてほしい．しかし，問題になってい
る集まりが無限でなくても，私たちは確率概念を用いる．そして，これらがす
べて情報ベースの確率だとは言いたくないだろう．この章の最初に導入された，
世界ベースの見解の動機を思い出そう．私たちは，カジノのゲームの結果が，
客よりもカジノ側が高い確率で勝つようになっているのがなぜなのかを説明し
たかった——あるいは，少なくとも予想したかった——のである．だが，これ
らのゲームが行われた回数は有限である．そして，これからもそうであると思
われる．

　確率に関するこの見解を支持する哲学者が，カジノのゲームがゆくゆくは無
限回行われるのだと主張することは可能である．だが，ここでの問題はより根
深いものだ．カジノのゲームに関する確率について，世界ベースで考える（そ
して，カジノでこれを用いる）ために，それらが無限回行われるかどうかを本
当に知らなければならないのだろうか．そうではないと思われる．そのような

表 7.3

投げた回数	表が出る相対頻度
6	1/2
10	7/10
14	1/2
22	15/22
30	1/2
46	31/46

憶測は，カジノのオーナーにはないであろう．彼らはただ，自分の行動を決めるために，現実の頻度についてのデータを参考にするだけである．

　関連する懸念として，次のものもある．なぜ，現実の頻度から極限における頻度についての何かがわかると言えるのだろうか．コイン投げを考えてみよう．この結果が，明日からすべて表になることはないと言えるだろうか．私たちの手元に今あるデータが，どのようにして，未来の結果を保証すると言えるのだろうか．この答えは，次の章にもちこすことにする．

　最後の問題は次の通りである．すなわち，無限の系列の中には，極限値をもたないものがある．ハイエクは，例として，次のようなコイントスの系列をもち出した(Hájek 2009: 220)．

HT HHTT HHHHTTTT HHHHHHHHTTTTTTTT...

この系列では，上記のパターンが繰り返される．この後には，$16(2^4)$ 回の表と $16(2^4)$ 回の裏が続く．さらにその後には，$32(2^5)$ 回の表と $32(2^5)$ 回の裏が続く．それゆえ，この系列では，コイントスの回数が無限に近づいても，表(あるいは裏)の相対頻度は一定にならない．表 7.3 の通り，その値は，永遠に変動し続けるのだ．

　表と裏の結果が出た回数が同じになることはあっても，裏が表より多くなることはないから，系列の全体を通して，表の頻度の最小値は 1/2 である．値の変動の幅は，n が無限に近づくにつれて，少しずつ小さくなっていくが，大きい方の値は，2/3 に近づいていくだけである．（電卓を使えば，15/22 は，7/10 よりも 2/3 に近く，31/46 はもっと近いということがわかるだろう．その後に

113

は，2047/3070 とか 8191/12286 といった値が続く．）したがって，上の系列が無限に近づくにつれて何が起こるかを考えても，表の相対頻度が 1/2 と 2/3 のあいだで振動するとしか言えない．

さて，どうすれば，確率の算出にあたって私たちが直面する経験的集まりが，このような，相対頻度が極限値をもたない系列を含まないと言えるだろうか．コイントスの結果が，上のようになると想像すること自体には，矛盾はないのだ．さらに，上と類似した別の系列を考えることも容易である．例えば，3^n 回の表の後に，3^n 回の裏が続くという系列がその例である．（実際，そうした系列は無限にある．上の例の 3 を任意の別の自然数で置き換えれば，そのような系列が得られる．）

7.3 仮説的頻度説とフォン・ミーゼスの相対頻度解釈

確率の世界ベースの解釈を考えるにあたって，私たちはまず，経験的な集まりを考え，確率をそれらにおける現実の相対頻度として理解できるかを検討した．しかし，有限の集まりを考えようが，無限の集まりを考えようが，そのような見解には問題があることを確認した．重要なのは，経験的な集まりによる確率の説明をとると，確率があるべきなのに，そうではないと結論づけられてしまう事例があるということだった．例えば，1 度も投げられないコインが，公平であり得ないとか，表が出る確率をもってさえいないとか，である．

この問題を解決する単純な方法がある．反事実的な可能性，すなわち，事実に反する可能性を考えるという方法である．これは，実際に私たちが日常生活で行っていることである．例えば，私たちは日常生活の中で，「もっとちゃんと勉強していれば，もっといい成績をとれたのに」とか「もっと誠実に生きていれば，彼女と別れなくてすんだだろうに」といったことを言うだろう．（以上の言明は反事実条件文である．まず，これらの言明は，「もし…ならば…(If ... then ...)」という形式をもっているので，「条件文」である．そして，「もし (if)」の後の内容，すなわち，前件が偽であるから，「反事実的」である．）私が娘に小言を言うときの決まり文句は，「余裕のあるときに宿題を片づけてれば，もっと楽をできただろうにな」である．

114

非凡な数学者(かつ科学者)であったリヒャルト・フォン・ミーゼスの話に移ろう．彼は，最も精緻化された確率の相対頻度解釈の1つを考案した．彼の中心的なアイディアの1つは，有限の経験的集まりを無限の数学的集まりによってモデル化するのは理にかなっているというものである．したがって，彼の立場では，確率は，(前節で見た極限操作が定義された)無限の数学的集まりに関する何かであるということになる．しかし，これらの数学的集まりは，経験的集まりと適切な関係をもっていなければならない．

一見したところ，フォン・ミーゼスの考えは奇妙に見える．だが，4章でも見たように，理想化というのは科学，とくに物理学では常識的なことなのだ．そして，理想化によって得られたものが実在するものを表すということに，ふつう疑問はもたれないのだ．それらの理想化の多くで，無限は特別な役割をもっている．理想気体では，分子というのは無限に小さいものとして考えられる．光学では，レンズは無限に薄いものと見なされる．さらに，レンズの焦点距離は，それが作り出す無限に遠くの対象の像によって定義される．

フォン・ミーゼスは，この点を説明するために，流体力学の例をもち出した．(これを理解するには，微分積分学の知識が必要であるため，ここでは扱わない．興味があれば，ギリースの本(Gillies 2000: 102-3)を参照されたい．)フォン・ミーゼスの結論は以下である．

> 無限の集まりという概念によって得られた理論は，論理的には定義できないが，実用上は十分に正確な仕方で，有限の観察の系列に適用できる．ここでの観察に対する理論の関係は，他のすべての物理科学におけるそれと本質的に同じである．(von Mises 1928: 85)

以上の内容はもっともらしいと言える．なので，ひとまずは(少なくともしばらくのあいだは)受け入れることにしよう．先に見た，確率を経験的集まりによって定義しようとする見解の問題点で，他に引き継がれるものはあるだろうか．例えば，相対頻度の極限値をもつ経験的集まりについて，数学的集まりを用いてモデル化することが適切であるとなぜ言えるのか．前の節で見たように，相対頻度が極限値をもたない無限の数学的集まりを考えるのは容易である．ハ

イエクがあげた例(Hájek 2009: 220)を思い出そう.

HT HHTT HHHHTTTT HHHHHHHHTTTTTTTT...

だが,フォン・ミーゼスはこの種の反論は予想していた.そして,彼によれば,この種の反論は,2つの経験的理由により,棄却される.とりわけ,フォン・ミーゼスによれば,経験的集まりには,それを支配する2つの法則がある.

(I)安定性の法則(The Law of Stability):集まりにおける属性の相対頻度は,観察が積み重なるにつれて,次第に安定していく.

(II)ランダム性の法則(The Law of Randomness):集まりは,予測可能な属性のパターンを含まないという意味で,ランダムな系列を含む.

これらの法則については,次の節で見ることにしよう.

7.4　経験的法則——安定性とランダム性

　安定性の法則から先に見ることにしよう.考え方は単純だ.経験的集まりにおける属性の相対頻度は,時間とともに,変動幅が小さくなり,特定の値に近づいていく.もちろん,このことは,頻度が無限において極限値をとるという前に見た考え方とも合致する.

　フォン・ミーゼスによれば,この法則は経験によって確証される.したがって,この法則を最初に提案したのが16世紀の職業的なギャンブラーであり,その彼が優秀な数学者でもあったというのも,おそらく偶然ではないのだろう.彼の名前はジェロラモ・カルダーノといい,確率の黎明期(このころ確率は,17世紀と比べれば初歩的なものであった)における重要人物である.おそらく,彼はギャンブラーとしての豊富な経験から,安定性の法則を思いついたのだろう.

　この法則が提案されたのが,フェルマーとパスカルによって確率の公理——加法と乗法の法則(付録Aで説明される)——が発見される前だったというの

7 頻度説

も興味深い. 実際, 歴史的にも, 彼らの仕事よりも前から, 安定性の法則が信じられていたことはわかっている. 2章で論じたフランス人ギャンブラーのアントワーヌ・ゴンボー(あるいはシュヴァリエ・ド・メレとも)を思い出してほしい. 彼は, 賭けが途中で終わったときに, 賭け金をどのように分けるかということに疑問を抱いただけではない. 彼は, 自分が考案した賭けに勝てなかった理由を知りたがったのだ. それを理解するには, 少し背景知識を身につける必要がある.

ゴンボーは, 4回サイコロを振って, そのうち少なくとも1回は6の目が出るということに, 五分のオッズ(すなわち, 1/2の賭け比率)で賭け続けた. 結果として, ゴンボーは利益を得た. このことは, 驚くべきことではないだろう. いまや私たちは, 偏りのないサイコロが6の目を出す確率を計算できるのだから. それぞれの試行で, 6以外の目が出る確率は5/6である. したがって, 4回サイコロをふって4回とも6以外の目が出る確率は$(5/6)^4$である. それゆえ, 少なくとも4回中1回6の目が出る確率は, $1-(5/6)^4=671/1296$である. この事象に対して賭け比率1/2を割り振るのは不公平である.

しかし, その後ゴンボーはより複雑な賭けを申し出た. (おそらく, 上記の賭けがゴンボーに有利なように仕組まれていることに, 賭けの相手が勘づいたと察知したのだろう.) その賭けとは, 2つのサイコロを24回振って, 少なくとも1回, 6の目が同時に出るというものである. ここでもまた, 彼は, 五分のオッズを提案した.

彼の考えでは, ここでもまた, 先の賭けと同じようにことが運ぶはずであったが, それは間違いであった. 彼はこのことに気づき, パスカルに助言を請うた. すなわち, 彼は自分が負け始めていることに気づいたのである. しかし, ここで注目すべきは, サイコロが偏りのないものだったとすれば, それぞれの賭けで彼が負ける確率は, 1/2よりもほんの少し小さい程度だったということだ. 計算してみよう. 2つのサイコロを投げて, 少なくとも一方が6以外になる確率は, 35/36である. そして, 24回これを繰り返して, すべての結果において, 少なくとも一方が6以外になる確率は, $(35/36)^{24}$である. したがって, 少なくとも1回, 6のぞろ目が出る確率は, $1-(35/36)^{24}$である. この値は, だいたい0.4914だ. すなわち, ゴンボーは, 繰り返しの「実験」の中で, 0.5

117

と 0.4914 のあいだのわずかな差, 0.0086 に気づいてしまったのだ. さらに, 繰り返しになるが, 彼は優秀な数学者でもないのにこれに気づいたのである. 彼は, 上の確率値を正確に算出する方法を知らなかった. だからこそ, 数学者たちに相談したのだ.

さて, もしゴンボーが, 自分の勝ち目が出る相対頻度がかなり早くに安定化して, 特定の値に収束していくことを(明示的にであれ, 暗黙のうちにであれ)前提していなかったとしたら, 自分が気づいたことが不思議だとは考えなかったであろう. (この賭けが 1 万回以上なされたというのは考えにくい. 恐らくは 1000 回程度だろう.) また, フェルマーとパスカルも, このことを前提していたようである. 次のように考えれば, そう考えるのが自然である. すなわち, 彼らが, ゴンボーの賭けの結果が単なる偶然に過ぎないと考えていたなら, これを体系的に探求しようとは思わなかっただろう. したがって, 彼らは, 安定化された(と彼らが思っている)値を探求し, なぜそれが 1/2 より小さいのかを理解しようとしていたに違いないのだ.

ところで, 安定性の法則は, 本当に正しいのだろうか. これを経験からの議論によって擁護するには, 数多くの例をあげればよい. Google で「relative frequency experiments」と打ち込んで調べれば, いくつか例を見つけられるだろう. 自分で実験をしてみるのもありだ. 私は, 次の実験をやってみた. 10 面体のサイコロ——正ねじれ双角錐のものだ——を 400 回振る. そして, 10 回振るごとに, 10 が出た回数を記録する(このような多面体のサイコロは, 多くのボードゲームで用いられる. 他の種類のサイコロは, 5 章で見た). 表 7.4 には, 相対頻度が高かったり低かったりした時点をいくつか選んで列挙した(相対頻度は, 小数点以下第 3 位まで記入されている). 続く図 7.1 では, 相対頻度がサイコロ投げの試行回数とどのように関わっているかをグラフに示した.

最後の試行で, 相対頻度がちょうど 0.1 になったのは, まったくの偶然であった. この値は, 無限における極限として, 私たちが期待したものだ. 続けていたら, 相対頻度は再び変動していただろう. (これは確実だ. 次に試行すると, 401 回中 40 回 10 が出たことになるか, 401 回中 41 回 10 が出たことになるのだから.) しかし, 相対頻度が, 下は 0.071 まで下がり, 上は 0.123 まで動いたのは意外だった.

表 7.4　10 面体サイコロの試行結果

試行回数	10 が出た回数	10 が出た相対頻度
30	0	0
60	5	0.083
70	5	0.071
90	9	0.1
140	11	0.079
180	20	0.111
220	27	0.123
400	40	0.1

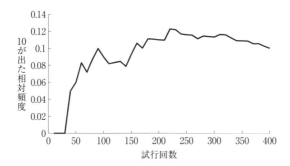

図 7.1　10 面体サイコロで 10 が出た相対頻度

　飽きるので，これ以上例をあげるのはやめておくが，安定性の法則を経験的観点から守るためにはそうするほかない．（ただ，他の例として，これまでに，カジノの成功事例は見た．）ただ，どう考えても，（私たちが扱える有限の集まりで，私たちが知るかぎり）この法則にしたがう集まりがたくさんあることは確かだと思われる．補助的に，数学的証明——いわゆる大数の法則——を与えることもできるが，このためには，集まりにおける変数の列がランダムであるということを前提する必要がある．なので，先に，ランダム性の法則にうつることにしよう．

　ランダム性を理解するには，まず何がランダムでないのかに関する直観に着目するとよい．わかりやすい例を示そう．以下のようなコイントスの結果の系列を考えてみよう．

　　HTHTHTHTHTHTHTHTHTHTHTHT...

この系列には属性のパターンがあるので，ランダムではない．そして，この系列にそのようなパターンがあるということは明らかなので，この系列がランダムでないということも明らかだ．まともなギャンブラーであれば，次は，表が出ることに賭けるであろう．そしてその次には，裏が出ることに賭けるであろう．ギャンブラーは，有効な賭けの戦術をつくるために，この系列にランダム性がないこと——結果のパターンの存在——を利用するわけである．

　上の例ほど明らかでないパターンが存在することもありうる．例えば，次のような結果の系列を考えてみよう．

　　　T HH T H T H TTT H T H TTT H T H TTT H TTTTT H...

この系列にパターンはあるだろうか．これについては，ないと考えてしまってもおかしくはない．しかし，ここにも，パターンはあるのである．ここでは，表の結果が 2, 3, 5, 7, 11, 13, 17, 19, 23, 29, ... 番目にしか現れていない．これらがすべて素数であるということは，すぐにわかるであろう．したがってこの場合「素数回目の試行のときは表に賭け，それ以外の場合は裏に賭ける」というルールにしたがえば，賭けに負けることはないであろう．

　ここで，集まりがランダムであることの証拠は何であろうか．どれだけ多くのギャンブラーたちが，イカサマをしないで勝つためのシステムを考案しようとしているかを考えてみてほしい．そのために，多くのギャンブラーが過去のゲームの結果を記録するのだ．例えば，何らかのパターンを見つけるためにルーレットの盤の回転を記録するというのもその1つだ．実際，カジノで過ごす大半の時間をルーレットの結果の記録に費やすギャンブラーを私は見たことがある．（当然ながら，この結果の記録は，諸属性の相対頻度を決めるのにも役立つ．それゆえ，この方法は例えばルーレットの盤が凹凸などにより偏っていないかを知るのに用いることができよう．これは役に立つ方法として利用されている．しかし，いま論じたいのはそういうことではない．まともな盤についての出目のパターンを問題にしているのだ．）上記のギャンブラーの試みはうまくいくだろうか．彼らは，賭けでシステマティックに勝つためのパターンを

見つけることができるのか. ちょっと見込みはなさそうだ.

このことは, パターンがまったく存在しないということの証拠ではない. 単に, それがあるとしても, (ギャンブラーが現に集めることのできるデータにもとづいて)はっきりと見きわめるのがかなり難しいということの証拠である.

ここで, ハイエクのコイントスの仮説的な無限の集まりを思い出してみよう (Hájek 2009: 220).

HT HHTT HHHHTTTT HHHHHHHHTTTTTTTT...

いまや, このような系列にもとづいた批判に対して, フォン・ミーゼスがどのように応答するかはわかるであろう. すなわち, この集まりは頻度の極限値をもたないために安定性の法則を犯しているだけでなく, H と T に関する(たまたま容易に見つけられるような)明確なパターンがあるために, ランダム性の法則をも犯している. それでは, この応答を検討することで, フォン・ミーゼスによる相対頻度説の批判に入ることにしよう. ダイアログに移行する.

7.5 仮説的頻度説に対する初歩的な反論

ダレル　　さて, 誰からフォン・ミーゼスに反論する?

学生1　　長くなってしまいそうですが.

ダレル　　黙っているよりはいいだろう. ぜひ話してくれたまえ.

学生1　　わかりました. 現実の有限な頻度を考えることの大きな利点は, 測定が容易であるということですよね. そのうえで, 確率を有限の経験的集まりの相対頻度と同一視することに伴う問題を見たわけですが….

ダレル　　つまり, その問題を解決しようとする中で, その利点が失われてしまったと?

学生1　　その通りです! 失われたか, あるいは, 少なくともその利点が弱められたと思います. 次のようにも言えますね. すべてのコイントスを考えてみてください. そして, この集まりに関する多くのデータを私たちがもっているとしましょう. 例えば, 私たちは今年行われたすべ

てのコイントスの結果を知っているとしましょう．このとき，これらの
データがコイントスの結果に関する確率と関連していると確信できるで
しょうか．

学生2　そう言えるのではないかな．経験的法則があるのだから．

学生1　それはそうなんだけれど．私にはそれらが一般的法則だとは思
えないの．あるいは少なくとも，そうでないと考えるのが合理的だと思
うわ．第1に，そのコイントスの結果には，おそらく頻度の極限値がな
い．第2に，たとえ極限値があったとしても，たぶん，その値は私たち
の手元にあるデータから推測されるものとはかなり異なっているわ．第
3に，おそらく，私たちが見つけられないパターンで，このコイントス
をランダムでないものにしているものがある．例えば，1000万回ごと
に必ず表が出るとかかしら．このパターンを見つけるのに十分なデータ
を私たちはもっていないわ．

学生2　それはいかにも懐疑的な意見だなあ．誰かが今日僕を銃で撃つ
ことはないとは言えないけど，だからといって防弾チョッキを着ようと
はしないよ．

学生1　それじゃあ少し違う方法で議論してみるわね．ランダム性とい
う3つ目の問題を考えましょう．まず学生2が正しいとします．つまり，
コイントスの結果の系列がランダムだとする証拠を私たちがもっている
とするんです．ここで，遠い未来にこの系列で成り立つパターンが発見
されるとしましょう．このとき，たとえ私たちが完全に合理的であった
としても，君は本当に，これまでに私たちが用いてきたコイントスにつ
いての確率がすべて間違っていたということを受け入れたいと思うか
な？

学生2　いいところをついてきたね．君の言う通りだよ．先に見た法則
が経験的集まりについて大体の場合成り立つとは言えても，完全に一般
的だとは言えないということも認めなければいけないね．なるほど，こ
れらの法則は確率的な性質をもつということだね！

学生3　いまの話で引っかかるところがあるのだけれど．安定性とラン
ダム性の法則がたまたま真であるとしたら，奇妙じゃないかな．もしそ

122

うなのだとしたら，何らかの説明が必要なのではないかな？

ダレル　　いい質問だね．実際，次に見る確率の解釈——傾向性解釈——は，なぜある種の事例では安定性とランダム性の法則が成り立つと考えるべきなのかに説明を与えようとするものなんだ．今は深入りしないでおくけど，代わりに次のように考えるのはどうだろう．つまり，フォン・ミーゼスは，これらの法則が厳然たる事実だと応答しただろう．物理学におけるエネルギー保存則のようにね．そして，こう付け加えるだろう．もし，この世界に説明の必要のない特徴がなければ，説明の無限後退を受け入れねばならなくなるだろう，と．

学生3　　実は，それについては応答の準備があります．

ダレル　　というと？

学生3　　それはカルナップが導入した経験的法則と理論的法則の区別に依拠していますよね．経験的法則は観察可能な事物のレベルではたらきます．一方で，理論的法則は観察不可能なレベルではたらきます．そして，経験的法則が適切な理論的法則によって説明されるというのはよくあることです．

ダレル　　例を出せるかい？

学生3　　「すべての鉄の棒は熱せられると膨張する」という文を考えてみましょう．これについては，鉄の棒の構成要素と実際に到達した温度，つまり，分子の平均速度によって説明されますよね．

ダレル　　なるほど．つまり，集まりに関するこれらの法則は観察可能なものについてのものだが，物理学で普通考えるように，その根底には観察不可能なものについての法則があるはずだ，と君は考えているわけだね．

学生3　　そういうことです．だから，フォン・ミーゼスによる物理学との類比は，一見するほどいいものではないと思います．むしろ，彼の確率についての説明には，何かが欠けている．ラフに言えば，彼の説明は，表面的なもの，つまり，観察可能なものに集中しているのです．

ダレル　　でも，観察不可能な事物をもちこむことに懐疑的な哲学者もいるよ．彼らは，この「表面的であること」が利点だと考えるんじゃない

かな.

学生3　そうかもしれませんね. でも, そういう人でも, ほとんどはやっぱり観察不可能な事物についての理論があること自体は受け入れるのではないでしょうか. 彼らは, そのような理論がいつでも真であるとは考えないだけです.

ダレル　なるほどね.

7.6　仮説的頻度説へのさらなる批判
――単称事例, 参照クラス, 系列順序

ダレル　よろしい. フォン・ミーゼスが提示した法則からは離れることにしよう. いわゆる「仮説的頻度説」に関して, 他に問題があると思う人はいるかな?

学生2　僕の懸念は, 次の通りです. 頻度的解釈を導入するときに先生も触れていましたが, この解釈では, 単発の出来事についての確率――あるいは, 「集団的現象」の集まりにおける個別の事物についての確率――が許容されません.

ダレル　それでどうして君はそのことが重要だと思うんだい?

学生2　例をあげましょう. 病院にいるとします. 僕は深刻な病に侵されており, 医師から手術を勧められています. 僕はその医師に, 術後の経過について質問します. その手術で命が助かる確率を聞くのです.

ダレル　彼女の答えは?

学生2　「70%」です. でも, 僕は確率の解釈について多少知っているので, その言葉で何を意味しているのかと彼女に迫ります. それは単なるあなたの意見なのですか, と.

ダレル　今度はなんて答えたんだい?

学生2　「医学的研究の結果です」と答えます. 「関連する集まりは何ですか?」と僕は続けます. あるいは「参照クラスは何ですか?」という質問も聞いたことがあります.

ダレル　なるほどね. そして, 彼女は君にその研究の内容について説明

する. 例えば, その研究はある特定の病院で別の外科医から別のやり方で手術を受けた患者を対象としているといったことをね.

学生2 そういうことです！ そして僕は言うわけです.「僕が知りたいのは, 僕が生き延びる確率なんです！」とね. そして続けます.「僕が生き延びる確率は, あなたがおっしゃる研究結果とは違うはずです. その研究は別の病院で行われ, 手術を行ったのも別の外科医ですが, あなたはご自身のやり方で手術をされるわけですから.」

ダレル そういえば私も似たような状況に立たされたことがあるよ. ただその医師が本当の頻度説主義者であれば, 世界ベースの確率なんてありませんと答えるに違いないね.

学生1 それって本当にそんなに良くないことなのでしょうか. まさにその状況に置かれている患者に関する確率というのがあったとしても, どのみちその確率についての正確なデータなんて手に入りっこないわけですよね. これを得るためには同じシナリオを何回も繰り返さなければならないし, それって手術が不可逆なものだったら, 不可能だと思われます.

ダレル いいポイントだね. だけど, 似たような別のシナリオで, 確かに確率があると言いたくなるようなものがあるよ. 例えば, 炭素14みたいな放射性原子はどうだろう. これはある任意の時間が経過するあいだに崩壊する確率をもつだろうか.

学生1 「ノー」ですね. 炭素14は, 集まりとして考えられたときに, 半減期をもち, それゆえ崩壊に関する確率ももつ, そういったタイプの原子です.

ダレル 本当にそうなのかな. 思考実験をしてみよう. この宇宙には, xというタイプの放射性原子がただ1つだけ存在する. これは…

学生1 なるほどわかりました.

ダレル だったら次のようにだけ言えばいいかな. 君の見解が正しいとすれば, あるxというタイプの単一の原子がある期間で崩壊するかどうかということは, 物理的に決定されているということになるように見える. ——この単体の原子に関する世界ベースの確率がないというのであ

ればね.

学生1　そうですね.

学生2　しかし, そんなことがわかるのでしょうか. 世界が非決定論的かどうかについての選択はオープンにしておくべきなのではありませんか.

ダレル　私もそれには賛成したいね.

　ここまでの議論は, 単称事例の確率に関するものだった. しかし, これと関連する問題として, 参照クラス問題として知られるものがある. 以下では, これについて見ていこう.

学生3　僕には別の反論があります. 話を変えてもいいでしょうか?

ダレル　もちろんさ.

学生3　学生2の病院の例に戻りましょう. この例で, 個別の確率などないということを受け入れるとします. それでも, どの集まりを考えるのかという問題が残っています.

ダレル　よければさっきの例をつかって, もう少しくわしく説明してくれるかい.

学生3　わかりました. 学生2の主治医は, 彼女が行おうとしている種類の手術について, 2つの研究を知っているとします. そしてそれらは, 患者の生存について異なる相対頻度を示しているとします. どちらの研究が利用されるべきなのでしょうか.

学生2　それ, 参照クラス問題ってやつだよね?

ダレル　そうだね.

学生2　この研究のセッティングをいろいろ変えて, 僕, つまりこの患者に関係するようなものにするともっと興味深い結果が得られるね. 例えば, 研究1は僕と同じ病院で手術を受けた10〜80歳の患者についてのものだとしよう. そして, 研究2は, 僕とは違う病院で手術を受けた20〜30歳の患者についてのものだとしよう. ちなみに僕は23歳ね.

学生3　そうだね. それで, 研究1によれば生存率は50%だけど, 研

究 2 によれば 70% といった感じかな. どっちを参考にすればいいんだ?

学生 1　それには単純な答えがあるんじゃないかな. 2 つの研究の結果を合わせて, すべての患者の生存の頻度を見るべきなんじゃないかしら.

学生 3　ちょっとまって! 手術が同じ病院で行われたことを考えれば, 研究 1 だけを利用するべきだと言えるよね. でも, 研究 2 だけを参考にすることを支持する議論もありうる. こちらは, 学生 2 と大きく年齢の離れた患者がいないからね.

ダレル　いいだろう. 1 つの研究を参考にするというのは理にかなっているように見えるね. どちらを参考にするべきかと聞かれたら難しいけれど. 研究 2 の病院の方が質がわるかったかもしれない. 研究 1 の病院より清潔さに欠けていたとか, 設備がより古かったとか. あるいは, 研究 1 では高齢の患者が生存率を下げたかもしれない.

学生 1　そういうことですね. そして, 実際このことは, 単称事例の確率の問題と関係していると私は思います.

ダレル　それは興味深いね. どうしてそう思うんだい?

学生 1　理想を言えば, 私たちは, どちらの研究も参考にしたくないですよね. 集まりが広すぎて. ここで参考にしたいのは, 学生 2 と同じ病院で, 学生 2 と同じ年齢の人々についてなされた研究でしょう. そして, 同じ性別で同じ病歴をもっていて, さらには同じ DNA をもっていて…. つまり, 実際のところ私たちが求めているのは学生 2 についての研究結果ということになるでしょう!

ダレル　その通りだね….

学生 2　そして, そのような研究結果は手に入らないにしても, 2 つの集まりのうちのどちらを確率の算出に用いればよいのかを判断する信頼できる方法が常にあるとはかぎらない.

ダレル　そうだね. 1 つの理由としては, 類似性が問題になっているということがあるね. 例として, 鉄の球と木でできた 3 角錐を考えてみよう. どちらがより木製の球に似ているだろうか? 答えは文脈によるというのがもっともらしいよね. 考えているのが対象の組成や柔軟性, 熱

伝導性などであれば，木でできた3角錐の方が似ていると判断される．一方で，考えているのが，形や表面積と体積の比率とか転がりやすさであれば，鉄球の方が似ていると判断される．

　仮説的頻度説に対する2つの重要な反論とそれらが互いに関係しているということを見てきた．だが，最後にもう1つ，ハイエク (Hájek 2009) が提示した反論を見ておかなければならない．彼は，これを参照系列問題と呼んでいる．

　基本的な考え方は次の通りである．すなわち，無限の集まりにおける属性の頻度の極限は当該の集まりのメンバーの順序に依存する．例えば，同一のメンバーをもつ2つの無限の集まり，つまり，すべての自然数からなる2つの無限の集まりを考えてみよう．1つ目の集まりでは，数は通常の数え上げ (1, 2, 3, 4, 5, ...) と同じように順序づけられている．しかし，2つ目の集まりは異なる (1, 3, 2, 5, 7, 4, 9, 11, 6, ...)．ここで，偶数の相対頻度を考えてみよう．1つ目の集まりでは，1/2である．2つ目の集まりでは，1/3である．

　1つの応答として考えられるのは，「自然な」順序づけの方法は1つしかないとするものだ．しかし，この方法は，コイントスのような単称事例を問題にしているときでさえ，もっともらしくない．コイントスの「自然な」順序とは，時間的なものである．例えば，コイントスの試行 a が試行 b の前に起きたとすれば，a の結果は b の結果の前に起こるだろうし，逆も然りである．だが，特殊相対性理論によれば，a が b より前に起こるかどうかは観点，つまり，測定の基準系の問題である．したがって，ある基準系のもとでは a は b より前に起こる．そして他の基準系のもとでは，b が a より前に起こる．さらに他の基準系のもとでは，a と b は同時に起こる．以上のことは，あるコインについての「表」の相対頻度が2人の観察者のあいだで異なるという奇妙な状況を生む．

　では，自然さの代わりにランダム性にうったえるのはどうだろうか（上で見た自然数列の例はランダムではない）．この場合問題になるのは，ある出来事の集合がある観察者にとってはランダムでありながら，他の観察者にとってはそうでないということがありうることだ（例えば，ランダムに速度を変えながらしばしば極端に大きい速度で移動する観察者を考えてみよ）．この場合，どう考えればよいのだろうか．上記の出来事に関する確率がある観察者にとって

128

は存在し，他の観察者にとっては存在しないという結論はかなり直観に反する．むしろ，私たちは，もし世界ベースの確率が存在するのなら，観察者とは独立に存在すると言いたいのだ．

7.7 簡潔な共感的結論

　頻度説のモチベーションには，明らかな利点がある．すなわち，確率理論を間主観的に観察可能な現象，すなわち，頻度にもとづけるということである．しかし，前に見たように，確率が単に現実の頻度だとする立場を守るのはとても難しい．したがってこの立場は放棄せざるをえない．現実の頻度は，それ自体が確率なのではなく，あやまった確率値を導く指標——例えば，頻度の極限値や仮説的頻度を思い出してほしい——であることがわかったのである．要するに，単に世界ベースの確率が正しいものであるとする経験的証拠として現実の頻度に着目するのはいいかもしれないが，それがまさに確率であるという考えに関しては，まじめに疑った方が良さそうだ．このことは，頻度を仮説的に考えても同じである．さらに，世界ベースの確率が，もし現実の頻度でないならば，現実的でない頻度として理解されなければならないと主張することの意味もまた，問わなければならない．結局のところ，現実的でない頻度は，直接測定することができないのだから．この点を踏まえて，次の章に移ることにしよう．

文献案内

　頻度説は，哲学以外——例えば統計学——ではいまだに人気があるが，積極的な研究はなされていない．この章では，近年の重要な批判論文 (Hájek 1997; Hájek 2009) における議論を検討したが，これらは難易度としては中級者から上級者向けである．もう少しだけとっつきやすいものとしては，キーブルクやギリース (Kyburg 1970: ch. 4; Gillies 2000: ch. 5) があげられる．ミーゼスの著書 (von Mises 1928) はそこそこわかりやすいうえに，再検討する価値のある論文である．

8

傾向性解釈

前の章で，多くの経験的集まりについて，安定性の法則が成り立つことを見た．すなわち，多くの集まりにおいて，観察事例が増えるにつれて，性質の相対頻度の変動は小さくなる．例えば，このことは私が行った10面のサイコロの実験などで確認された．10の目が出る相対頻度の値は，次第に振れ幅が小さくなり，1/10に近づいていった．

しかし，安定性の法則が成り立つのはなぜなのか．より正確には，なぜこの法則はある種類の集まりについては成り立ち，それ以外の集まりについては成り立たないのだろうか．何がそのような集まりを特別なものにしているのだろうか．確率の頻度解釈は，以上の問いに答えを与えるものではなかった．頻度説の支持者の多くは，これらの問いが答えを与えられなければならないという見解に対して強く反対するだろう．例えば，フォン・ミーゼスは次のように考えている．確率の理論は，集団的現象(つまり観察可能な事物)に関わる経験科学であり，その背景にあるメカニズムについての憶測(あるいは「形而上学」)の出番はない．

しかし，傾向性説の支持者は，より基礎的で根本的なものによって安定性の法則——そして，ときにはランダム性の法則——を説明しようとする．そして，彼らはその根本的なもの——傾向性——を本当の確率ととらえる．したがって，この見解によれば，確率は安定化された相対頻度と同一視されるべきではなく，それらを生み出すものである．

この違いを理解するには，次のアナロジーが役に立つかもしれない．理想気体の法則を考えてみよう．ボイルの法則としても知られるこの法則は，ヘリウムのような実際に存在する多くの気体について，近似的に当てはまる．この法則は，体積，圧力，温度のような観察可能な性質を関連づけるものである．しかし，この関係には，気体分子とそれらの性質(質量や速度)によって，より微

視的な説明が与えられる．「理想気体の法則」と呼ばれるこの法則は，（理想的な）気体分子について成り立つ力学的法則——例えば温度を気体分子の運動エネルギーと関連づける——の帰結なのである．以上が現代物理学の述べるところである．

同様に，私たちが問題にしている確率の文脈では，頻度が観察できるものである．そして，傾向性が観察できないものである．しかし，このアナロジーは，ある重要な点において不完全である．気体が分子からなるという理論にもとづいて，これまでに多くの正しい予測がなされてきた．しかし，傾向性による理論は，ある種の経験的集まりにおける性質の系列の特徴しか説明することができないように見える．この問題については，後でまた触れる．

8.1 傾向性としての確率

すべての傾向性理論のバージョン——傾向性理論には多くのバージョンがあり，そのうちのいくつかをこれから検討するが，このことは避けがたい混乱を招く——は，次の1つの点を共有している．すなわち，それらは確率が傾向性であるという考えに依拠している．「溶解性の」とか「可燃性の」，「こわれやすい」，「音が出る」，「延性のある」といった語を考えてみよう．これらの語は，事物が特定の状況である種のふるまいをする傾向にあるというありさま，あるいは事物がもちうる傾向性的性質に対応する．鐘は，実際に叩かれなくても，叩かれれば音を出すだろうと言えるかぎりにおいて，音の出るものだと言える．同様に，ワイングラスは，実際に落とされなくても，30 cm 以上の高さから石でできた床に落とされれば粉々になるだろうと言えるかぎりにおいて，こわれやすいと言えよう．傾向性に関する考え方と密接に関係しているのは，能力である．例えば，私たちは，塩化ナトリウムが純水に溶ける傾向性をもつと言うのと同じように，純水は塩化ナトリウムを溶かす能力があると言えるだろう．

少し考えれば，私たちが物事を記述するうえで，傾向性的性質がどれだけ重要かということがわかる．あなたはいま本を読んでいるはずなので，おそらく窓のある部屋の中（あるいは屋内のどこか）にいる．そしてあなたはおそらく，窓はガラスでできていると考えているだろう．しかし，屈強な男がその窓を大

きなハンマーでめいっぱい叩いたとしよう．窓はこわれなかった．このとき，
あなたはどう思うだろうか．窓がもっているはずだった傾向性をもっていなか
ったことがわかり，窓はガラス製ではないのではと疑うのではないだろうか．
そのハンマーが本物であることなどをあなたが信じているとしての話だが．

　あなたがハンマーについての前提をもっていなくてもよい．より一般的には，
ＡとＢがＣを起こす傾向性をもつことがわかっているなら，Ｃが起きていな
いとき，ＡかＢのどちらかが起きなかったと推測される．したがって，白い
結晶状の固体が無色の液体に加えられ，その固体がまったく溶けないのを見た
ら，あなたは，「その結晶状の固体は塩化ナトリウムであり，無色の液体は純
水である」という言明が偽であると結論づけるだろう．これは，塩化ナトリウ
ムが実際に純水に溶ける傾向性をもつことを疑うよりもよっぽど自然な反応で
ある．

8.2　単称事例の傾向性（ポパー）

　相対頻度説がかかえる重要な問題点の１つは，１回きりの出来事のような単
称事例に関する世界ベースの確率を一切扱えないということである．第２次世
界大戦でマーケットガーデン作戦が成功していたとしたときに，1944年のク
リスマスまでに連合国軍がドイツを打ち破っていた確率などはないのである
（意味がわからなかったら，『遠すぎた橋』を観てほしい．とてもいい映画だか
ら）．アン・ブリンが男の子を生んでいたとしたらヘンリー８世に処刑されず
にすんだであろうということの確率などないのである．以上のような確率は，
歴史上，一切存在しなかったのだ！　それらよりも簡単に，大きな集まりの一
部として考えることができる個別のサイコロ投げやコイントスのような単純な
事例でさえ，その確率は存在しないのである．したがって，前の章でも見たよ
うに，相対頻度による世界ベースの確率理論を採用する者が，単称事例に関す
る確率の存在を認めるのであれば，彼らは確率の多元主義をとり，単称事例に
関する確率が情報ベースのものであると考えなければいけないのである．

　ポパーによる傾向性説は，この問題を避けようとするものであった．この問
題に関する私自身の見解は，次の通りである．第１に，選言的な（「…か…のい

ずれか」)傾向性を想像することは可能である．ある物質 X がある物質 Y と接触すると，必ず X が鉛になるか，純金になるかのいずれかであるとしよう．このとき，「X は，Y と接触すると，鉛になるか，純金になる傾向をもつ」と言うのではないだろうか．ときにはどちらもが起こることも想像できよう．ここには明白に矛盾するものはない．また，X が Y に加えられたときに起こることに影響を与える他の要因がないと考えることに明白な誤りはない．つまり，X が鉛(あるいは金)になったときにだけ存在する要因(の集合)Z がないと考えるのは可能だ．

　第2に，選言肢(「あるいは」でつながれた2つの表現)が異なる重みづけをされるということも可能である．例えば，X が Y と接触したとき，金よりも鉛によりなりやすいということもありえる．私自身が好む考え方——他の誰かの考え方かはわからない——は次の通りである．すなわち，相反する傾向性はありえる．そして，一方の傾向性がもう一方より強いということだってあるだろう．鉛になる傾向性が金になる傾向性よりも一定程度強いとか，その逆だとかというようなことだ．この見解によれば，「X は Y と接触すると鉛になる傾向をもつ」と「X は Y と接触すると金になる傾向をもつ」の双方が真であることが可能だということになる．同時に，「X は，Y と接触すると，金になることの n 倍鉛になる傾向をもつ」も真でありえるということになる．

　次のような懸念を抱く人もいるかもしれない．当初私たちが傾向性を考えていたときに提示された例の1つは，「塩化ナトリウムは純水に溶ける傾向性がある」というものであった．ここで，この文を言うとき，私たちは，塩化ナトリウムが純水に必ず溶けるという傾向をもつということを意味しているのではないだろうか．これに対して，私は次のように答えたい．すなわち，先の文で私たちが実際に意味しているのは，あるいは，より正確に言うべきであるのは，「塩化ナトリウムは純水に加えられると，必ず溶けるという傾向をもつ」ということである．これまで私は，「必ず」を省略してきた．例えば選言的傾向性の議論においては，私は「X は Y と接触すると，必ず，鉛になるか純金になるという傾向をもつ」と述べるべきだったのだ．

　このような見解のもとでは，確率を有するのは，集まりではなく，実験のセッティングなどのような個別の事態であるということになる．「正当な系列は，

134

ある生成条件の集合によって特徴づけられた実質的な，あるいは，現実的な系
列でなければならない．——ここで言う生成条件の集合とは，その繰り返しの
実現が問題の系列の要素を生み出すようなものである」(Popper 1959a: 34)．こ
こには，ポパーによれば，単称事例の確率を可能にする仕掛けがある．「確率
は実験装置に依存することがわかるので，この実験装置の性質と見なしうる」
(Popper 1957: 67)．したがって，ポパーによれば，「たとえ1回しか起きない
としても，単発の出来事は確率をもちうる．確率とは，この出来事の生成条件
という性質のことだからである．」(Popper 1959a: 34)

　しかし，以上の考察から本当に上の結論が導けるのだろうか．フォン・ミー
ゼスは著書の一節で，世界ベースの確率が物理的なセッティング（あるいは事
態）と関連づけられるべきだという見解を支持しているように見える．単称事
例の確率の存在を否定しているにもかかわらずだ．例えば，彼は以下のように
述べている．

> 2つのサイコロを振って「2つとも6の目が出る」確率は，サイコロ（を含
> む実験のセッティング）に特有の性質，すなわち，この実験の全体に属す
> る物理定数である．確率の理論というのは，このような種類の物理量のあ
> いだに存在する関係に関するものなのである．(von Mises 1928: 14)

だから，フォン・ミーゼスの見解は，一見して思われるほどポパーの見解と異
なるものではない．一方で，単称事例の傾向性の存在について彼が慎重になる
理由の1つは，次の節で明らかになる．

8.3　単称事例の傾向性 vs. 長期的傾向性

　2節で見たように，フォン・ミーゼスは，確率が物理的性質でありうるとい
う点で，ポパーに同意している．しかし，そのような確率が単称事例において
存在することを否定している．つまり，ミーゼスは，確率が個別の実験の結果
と関連していることを否定し，同種の実験を繰り返して得られる結果（の集ま
り）に関係しているとしているのだ．しかし，なぜ，そうなるのだろうか．

もっともらしい回答の1つは次のようなものである．すなわち，安定化した長期的な頻度は，必ずしも単称事例の傾向性の存在を示唆するものではない．また，そのような傾向性にうったえずとも，件の安定化した頻度に説明を与えることはできる．したがって，単称事例の傾向性を措定することは，私たちの手にある現象——あらわれ——をかなり逸脱し，形而上学の闇に首を突っ込むのと同じである．次の例を考えてみよう．

　2通りの結果がありうる実験を無限回行い，それぞれの結果について，fと$1-f$という頻度が得られたとしよう(ここで，「無限回」という表現は，相対頻度が相対頻度の極限値と異なる可能性を排除するために用いられている．もし，このシナリオが不可能であると思うなら，代わりに，この実験は非常に多くの回数行われ，安定性の法則が成り立っているという状況を想像してみてほしい．この場合も，fと$1-f$は頻度の極限値と大体同じになる)．さらに，この実験はうまくいったとする．このとき，fと$1-f$がこの実験のそれぞれの試行の結果の単称的傾向性を表しているのだと結論づけるべきだろうか．以上は，ポール・ハンフリーズによって提示された問い(の単純化されたバージョン)である(Humphreys 1989: 52)．

　ハンフリーズの正しい結論によれば，さらなる情報がないかぎり，そうではないように見える．というのも，上のシナリオに整合する(少なくとも)2つの異なる実験状況があり，それぞれは，別の意味で当該の実験が(意図された通りに)「うまくいく」ことを説明できるからである．

　第1に，当該の実験の系が非決定論的であり，かつ，その結果に因果的な影響を与えるすべての要素が繰り返しの試行の中で固定されているとしよう．言い換えれば，この実験の結果を完全に支配する自然法則の適用に際して，初期条件は，繰り返しの試行を通じて同一であった．それゆえ，問題の確率が現れるのは，その(実験の結果を記述するのに関係する)完全な自然法則の方である．そして，これらの法則は完全であるので，(これらを決定論的に書き換える)さらなる法則にうったえることで確率の使用を避けることはできない．次の例で考えてみよう．ここではサイコロは，毎回完全に同じ仕方で放られる．サイコロを投げる装置によって，同じ位置から放られる．そして，この装置は毎回同じように作用する(つまり，この装置はサイコロに同じ力を与える)．サイコロ

が着地する表面も毎度同じである．さらに，この試行には外的な干渉もない．
いわば，この実験はいかなる外的力も要因もない，閉じた系に関するものなの
である．ここで，もし実験の結果が常に同じではなかったら，この系は非決定
論的だと考えてよいだろう(この系が閉じており，実験の結果がサイコロを動
かす力と初期位置，そして，サイコロが着地する表面の性質だけによって決ま
るということを私たちが確信していればだが)．以上の内容がピンとこない場
合は，1章のラプラスの悪魔のところを読み返すとよいかもしれない．

　次に，先の実験の系は決定論的であるが，実験の結果に因果的な影響を与え
るいくつかの要因が繰り返しの試行の中でランダムに変化するとしよう．する
と，それぞれの実験の結果は自然法則と初期条件によって一意的に決定されて
いるにもかかわらず，各試行ごとに結果は変わりうることになる．このことを
確認するためには，前段落のサイコロの実験を1点だけ変更すればよい．すな
わち，今回はサイコロの最初の置き方がランダムに変化する(サイコロの放り
方など，その他のすべての部分は固定されたままである)．さて，この実験の
各試行において異なる結果が出る——毎回同じ結果が出るというのは信じがた
いが——からといって，単称事例の傾向性が存在すると結論づけるのは誤りだ
ろう．個々の試行は決定論的だが，にもかかわらず，何回も繰り返せば結果に
ついての固有の頻度が得られるように，この実験は作られているのである．

　この2つ目の例は，ジム・フェッツァーやギリースが長期的傾向性と呼ぶも
のの可能性を示している(Fetzer 1988; Gillies 2000)．ここでは，後者の定義を
採用することにしよう(この定義は，極限あるいは無限を含まないという点で，
前者の定義と少し異なる)．

　　　長期的傾向性説によれば，傾向性は再現可能な条件と関連づけられ，これ
　　　らの条件の長期的な繰り返しの中で，確率とおおかた同等である頻度を生
　　　み出す傾向性と見なされる．(Gillies 2000: 126)

フォン・ミーゼスが安定性の法則を信じていることを考慮すると，先の「物理
量」に関する言明の際には，上の内容を思い描いていたようにも思われる．そ
れでは，以上の内容と単称事例の傾向性が正確にどのように関係するのかをダ

イアログで探求していこう.

8.4 単称事例と長期的傾向性——その関係性は?

学生1 ポパーの傾向性についての論文を読んだのですが, 彼は多少混乱しているように見えます. もう少し言うと, ポパーの見解は, 完全に単称事例についてのものでもなければ, 完全に長期的なものでもないように見えるんです. 彼の見解は, 先生が提示した2つの見解を奇妙な仕方で混ぜ合わせたようなものだと思います.

ダレル その通りだと思うよ. 引用しながら例を出してくれるかい?

学生1 了解です. 彼は「傾向性とは単称的出来事を実現する傾向性なのだ」(Popper 1959a: 28)と述べると同時に, 実験のように再現可能な状況では,「その頻度が確率と同等であるような系列を生み出す傾向性」(Popper 1959a: 35)もありうるとも述べています. また, それ以前の論文では,「装置の性質が実験が繰り返されたときにその装置が特定の頻度をもたらすという傾向性を特徴づける」(Popper 1957: 67)とも述べています.

ダレル よくできたね. ポパーの言明の寛容な読み方はないかな. 見かけ上相反する彼の言明のもつれを解消する方法はないだろうか.

学生2 そうですね. 僕は単称事例の傾向性の存在が関連する類似の事例の繰り返しの中で, 長期的な傾向性の存在を含意するのではないかと思います.

学生1 それは興味深い考えだね.

ダレル もう少し詳しく説明してくれるかな. できれば例も一緒に.

学生2 おおせのままに. 非決定論が成り立つ場合を例にとりましょう. つまり, 初期条件から結果が一意に決まらないということですね. ここでは, 単称事例について A が起こるか B が起こるかがそれぞれ1/2の傾向性をもつ量子力学的な系を考えることにしましょう.

学生1 なるほどね. 物理を勉強したことがあると, 粒子のスピンの観測のことを考えたくなるね.

138

8 傾向性解釈

学生2　オッケー．ここで，まったく同じ種類の状況が繰り返し設定されたとしましょう．長い目で見て，A の相対頻度はどうなるでしょうか．

学生1　その状況だと単称事例の場合の A に関する傾向性と同じ——あるいは，ほとんど同じ——になるんじゃないかな．

学生2　そう！ だから，これらの再現可能な条件は，それが成り立つそれぞれの単称事例に存在する単称事例の傾向性によって長期的傾向性をもつということになるのです．単称事例の傾向性の先に長期的傾向性があるということになりますね．

学生1　おめでとう！ あなたはポパーをポパー自身から救ったのよ！

ダレル　疑問があるのだけれど，単称事例の傾向性は存在するけど，その条件が再現可能でないような状況はないのかな？

学生2　どういう意味ですか？

ダレル　私がいま考えているのは，デヴィド・ミラーによる単称事例の傾向性の説明なんだけれど(Miller 1994)，彼によると，単称事例の傾向性は宇宙(あるいは何らかの閉じた系)の全体の状態に依存するんだ．これが正しいとすると，再現不可能な意味での条件もあることになるね．

学生2　(宇宙がたくさんあって，)さまざまな宇宙をまたいでそれらの条件が繰り返されるかもしれないですけどね．そして，それらの(同じ自然法則が成り立つ)宇宙で成立する条件のあいだに横たわる長期的な傾向性もあるかもしれないですよね？

ダレル　その通りだとは思うよ．だけど，それは非常に思弁的で，私たちの実際の経験からかけ離れた見解だよね．というわけで，ミラーの懸念を少し違う仕方で提示してみよう．

学生2　どのようにですか？

ダレル　特定の条件に対する単称事例の傾向性は，その宇宙において結果と因果的に関連するものとだけ結びつけられる．これは，宇宙の全体に比べたら，だいぶ少ないだろう．ここで，単称事例の傾向性については，フェッツァーが提案した見解を採用したいのだけれど，それによると，「一般に結果についての傾向性は，(法則的に，かつ／あるいは，因

139

果的に)関連する条件の完全な集合に依存する.」(Fetzer 1982: 195)

学生2　なるほど. それで, 僕の提案に, 他の問題点はありますか?

学生3　あると思う. 世界ベースの確率を単称事例と長期的なものの双方として同時に定義することはできないよ.

学生2　そうだね. だから僕の提案は次のようになる. ポパーは世界ベースの確率を単称事例のものとして定義しようとしていた. あるいは, 最低限, そうするべきであった. そして, (そこから)長期的な傾向性と適切な相対頻度が導かれるということを示そうとした. 要するに, 世界ベースの確率とは, 最終的に, 長期的な傾向性と適切な相対頻度を導くような単称事例の傾向性であるというわけだ.

ダレル　それは寛容な読みだ. 寛容すぎるかもしれないけれど, 有用な読みでもある.

学生3　そうですね. しかしそうすると, 前に見たように, ポパーの作戦は失敗しているように見えます. つまり, 彼は, 少なくとも私たちがいま言及している初期の傾向性に関する文献では, ある種の世界ベースの確率が単称事例の傾向性ではないけれど, 長期的傾向性ではあるという可能性をとらえ損ねていることになります.

学生1　そうね. それは正しそうね.

学生2　そうだね. 僕もそれには同意するよ. 先生が前にあげた, 決定論的なサイコロ投げがその1つの例だね. ここでは, 長期的な傾向性が再現可能な条件のうちに見いだされたけど, 個々の試行に単称事例の傾向性は見いだされなかった.

学生3　それでは, 確率は長期的な傾向性として定義すればいいんじゃないかな. 長期的な傾向性で安定化した頻度が現れるすべての事例をカバーできるのだから.

ダレル　んー, 単称事例での世界ベースの確率は扱えないということになってしまいそうだね.

学生2　そうですね. なので, 僕は次のように考えたい. 世界ベースの傾向性は, 単称事例の傾向性か長期的傾向性のいずれかである, と.

学生3　だけど, どちらの傾向性がどの確率なのかということは, どう

したらわかるんだろう．安定化した頻度という観察可能なものを見ただ
けで，単称事例が存在していると言えるのかな．

学生2　それはその通りだね．ただ，究極的には単称事例の傾向性の存
在を経験的に確かめることができないとしても，その存在を理解するこ
とはできる．僕が言いたいのは，単称事例の傾向性の存在の可能性を閉
ざすべきではないということなんだ．

学生3　僕は科学を考えているんだ．そして，経験にもとづいたシンプ
ルな定義を与えたいんだよ．つまり，事例によって異なる世界ベースの
定義を与える必要はないんじゃないかな．この宇宙が，あるいは，それ
が含む個別の系が非決定論的であると心に留めておくのはいい．だけど，
世界ベースの確率が一般的に長期的な傾向性であるとしても，それをな
すことはできる．非決定論は，そのような確率が生じる1つのメカニズ
ムにすぎない．

ダレル　良い議論だったね．学生3の見解は，ギリースの見解 (Gillies
2000) を支持するものだと思う．だけど，ここでの議論はここまでにし
ておこう．

8.5　参照クラス問題再び

学生1　待ってください！先に進む前に質問があります．相対頻度で
もあったように，傾向性についても，参照クラス問題やそれに類する問
題は生じないのでしょうか．

ダレル　もしかしたら生じるかもね．もう少し具体的に話してくれるか
な？

学生1　はい．次のように考えてください．相対頻度が特定の集まりに
よって条件づけられていたのと同じように，単称事例の傾向性は，特定
の物理的状態によって条件づけられていると言えます．例えば，ポパー
は，「再現可能な実験装置の性質」(Popper 1967: 38) について書いていま
す．しかし，実験装置が，あるいは実験が正確に再現可能であるのはど
のようなときなのでしょうか．私たちがそれをどのように記述するかに

141

依存するのではないでしょうか.

学生2　君の言いたいことはわかったのだけれど, 1つ確認させておくれ. 例を出してもいいかな.

学生1　もちろんどうぞ.

学生2　ある科学者が, 特定の回路の個別のパーツ間の電位差を何度も測定しているとしよう. 彼は10回の測定にあたって1種類の電位差計を立て続けに用いる. 次の10回の測定では, 彼は別の種類の電位差計を立て続けに用いる. これらすべての実験は同じだろうか. あるいは, 最初の10回の実験は次の10回の実験と異なるのだろうか.

学生1　いい例ね. 核心をついているわ. ただ, 問題は, あなたが描くよりも差し迫ったものだわ. 電位差の20回分の測定では, まったく同じ装置と技術が用いられたとしましょう. だけど, 実験室と回路の温度を考えてみて. 実験がどんなに慎重になされたとしても——たとえ良い温度計が用いられたとしても——実験室や回路の温度がほんの少し変動してしまうのは避けられないわ. 実験の精密さには常に限界があるということね. ここで, これらの実験は同じと言えるかしら.

学生3　そこまで言うのは極端じゃないかな. すごく当たり前だけど, 実験では変動しうるすべての要素をコントロールするわけではないよ. 実際, 多くの実験の主眼は, 他の要素を固定しながら——あるいは, おおよそ固定しながらと言った方がいいかな?——特定の要素を変動させることで, 変動する要素の実験結果に対する因果的影響を調べるというところにあるのだし.

ダレル　たしかにその通りだけど, それでもやっぱり, そこには本当の問題があると思う.

学生3　そうかもしれないですね. ですが, このことが一般的に科学的方法の問題にならないのと同じように, 確率の傾向性説の問題にもならないように思われます. 「2つの実験が同じ種類のものか」という問いは, 確率が用いられていない文脈でも問うことができるし, 実際に問われているわけですから.

ダレル　なるほどね. おそらく, ここでは実験がどのようなときに, 傾

142

向性の存在を示唆する程度に，適切な仕方で類似していると言えるかを考えるためにも，フェッツァーによる単称事例の傾向性の定義を用いた方が良さそうだ．とくに，単称事例の傾向性をはかるのに用いられうるという意味で実験が「同じである」ということは，結果に因果的に関わる条件が各実験を通して変動しないときにだけ言えるかもしれない．

学生3　そう言うこともできるかもしれませんが，その要請を緩和することもできると思います．

ダレル　多少の条件の変動を許容するということを考えているのかな？つまり，それぞれの実験で関連する条件がおおよそ同じであればよい，と？

学生3　そうです．もう一度言いますが，傾向性に関わらないものだとしても，実際の実験の多くで，そのように考えられているのですから．先にも述べたように，私たちは，温度の違いが実験に用いられる部品の抵抗に影響を与えるということを知っています．だけど，この影響が無視できるようなものだということがわかっているので，抵抗を測定する際に，このような小さな温度の違いを気にすることはありません．

ダレル　わかった．しかしそれでも，根深い方法論的問題が残されているよね——実際のところ，この問題は，先の議論で君が提示したものだ．参照クラス問題とは異なるかもしれないけれどね．次のように考えてみよう．すべての実験を通して，結果に因果的に関係するとわかっている要素をすべて固定するとしよう．しかしそれでも実験結果が変動することがわかった．ここで私たちは，私たちが測定しているところの単称事例の傾向性が存在すると結論づけるだろうか．それとも，私たちが考慮に入れていなかった，各実験を通して変動する因果的要因があると結論づけるだろうか．

学生3　科学というのは，面倒なものなのです．とくに，複雑な系が関わっているときは．だから，僕は，最初からどちらの事例もカバーする長期的傾向性を用いた方が安全だと思うのです．

8.6 単称事例の傾向性としての確率に対する最後の反論
——ハンフリーズのパラドックス

結論に行く前にここで，単称事例の傾向性による確率の説明に対する，最後の反論を見ておこう．まず1節の単称事例の傾向性についての議論を思い出そう．（高速で）窓に衝突する銃弾が，窓を（必ず）割る傾向性をもつと言うとき，私たちは，窓にぶつかったとき，銃弾が窓の破損を引き起こすということを意味しているのではないだろうか．そして，このことを私たちは，値1をもつ単称事例の傾向性として表現するのではないだろうか．そうであるように思われる．すなわち，ここでは私たちは，「P(窓が割れる，銃弾が窓に衝突する)＝1」と言うように思われる．しかし，そうだとすれば，より小さい値をもつ単称事例の傾向性は薄められた原因のようなものであろう．ポパーが主張したように，「因果性は傾向性の特殊事例である．1と同値な傾向性の事例なのだ.」(Popper 1990: 20)

しかしながら，この見解にはハンフリーズによって最初に発見された問題がある．これは，ひとたび見れば明らかである．その反論とは，次のようなものだ．もし，P(p, q) が明確に定義されているなら，P(q, p) も明確に定義されている．しかし，このことは，次のことを意味するように見える．すなわち，P(p, q) を単称事例の傾向性として扱うなら，私たちは，P(q, p) をも単称事例の傾向性として扱うべきである．そして，これは奇妙なことだ．というのも，因果性は，時間的な方向性をもつからである．P(銃弾が窓に衝突した，窓が割れる)という確率を考えてみよう．私たちが，窓が割れるのを見て，先の確率は0.5であるとしたとしよう．これを単称事例の傾向性として理解することはできない．窓が銃弾を引き寄せるような性質をもつなどとは考えられないだろう．

長期的傾向性説であれば，再現可能な条件と長い目で見て何が起こるかにうったえることで，この問題を避けることができる．例えば，私たちが考えているのがある紛争地帯を走る車の窓であるとしよう．この場合，これらの窓には，銃弾に当たると割れるという長期的な傾向性があると考えられるだろう．一方

で，私たちが考えているのが，銃が違法でめったに見かけないような国であれ
ば，銃弾によって割れるという長期的傾向性は，先のものよりもだいぶ小さく
なるだろう．したがって，本当は，P(窓に銃弾が当たる，2010年のバグダッ
ドを定期的に走っている車の窓が割れる)とP(窓に銃弾が当たる，2010年の
イギリスを定期的に走っている車の窓が割れる)といった確率について書くべ
きなのだ．

　しかし，単称事例の傾向性説の場合は，より不明瞭だ．結果として，ハンフ
リーズは，自身のパラドックスが，単称事例の傾向性は存在するものの，確率
ではないということを示していると考えている(Humphreys 1985)．一方で，
フェッツァーは，単称事例の傾向性は標準的な確率の公理を満たさないが，そ
れでも確率であるという見解を擁護している(Fetzer 1981)．彼は，特定の公理
系に縛られない，より広い確率の見解を推進しているのだ．

8.7　傾向性についての簡単な結論

　ここまでで，世界ベースの確率についての長期的傾向性説を脅かす批判が，
他の選択肢(すなわち，相対頻度説や単称事例の傾向性説)よりも少ないという
ことを見てきた．しかしながら，以上のことからすぐに単称事例の傾向性はな
いとか，確率が一部の特殊事例においては単称事例の傾向性として理解される
ということを否定するような結論に飛びつくべきではない．これまでに見たも
のとは微妙に異なる代替案が，以下で見る文献のいくつかで，検討されている．

文献案内

　現代の研究文献では，さまざまなバージョンの傾向性解釈が論じられている．
以下の文献はすべて，上級者向け，あるいは，中級から上級者向けのレベルで
ある．例えば，前向きな路線としては，ギリース(Gillies 2000: ch. 7)を見ると
よい．ここでは，非操作主義的な仕方で，長期的傾向性説を洗練させ，それが
確率の経験的法則を導出するためにどのように用いられるのかを明らかにしよ
うとしている．悲観的な路線としては，イーグルが枚挙している傾向性説に対

する広範な反論を参照するとよい(Eagle 2004). この章で私たちが論じたのは,ここであげられている反論の一部に過ぎない. 傾向性についての最先端の議論に着手するのであれば,ハンドフィールド(Handfield 2012)がかなりおすすめである. 最後に,より最近のものとして,スアレス(Suárez 2013)ではプラグマティックな見解が擁護されている. この立場によれば,傾向性は世界ベースの確率に関与するものの,それと同一視されるべきではない.

9

誤謬，パズル，パラドックス

　いまや私たちは，確率に関するすべての解釈とそれらのバリエーションを見た．そろそろ，ここまで努力した成果を見てもいいだろう．この章では，これまでに見た確率の解釈が，いくつかの有名な誤謬や関連するパズル，そして，興味深いパラドックスを解明するうえでどのように用いられるのかを見ていく．これらについて学ぶことにはそれ自体，確率的思考を鍛える（そして，おどろくほどよく起こるミスを避ける）うえで価値がある．

9.1　ギャンブラーの誤謬と平均値の「法則」

　次のような有名な話がある．1913年，ところはモンテカルロのグラン・カジノ，あるルーレットテーブルで異常事態が発生していた（ルーレットの話を忘れてしまった人は，4章の6節を見てほしい）．ボールが，黒の枠に何度も何度も転がり込んでいたのだ．何とこのとき，ボールは「黒」に26回連続して転がり込んだ．

　ここで，ギャンブラーたちはどのように賭けたと思われるだろうか．どんどん増えていくギャンブラーたち（黒が何度も出続けていることがあたりに知れて，大勢がこのテーブルにこぞって押し寄せていた）は，最後の6回でどのように賭けていたのか．驚くべきことに，彼らは赤に賭けていたのだ！

　何を彼らは考えていたのか．簡単に言えば，次の通りである．彼らは，ルーレット盤が公平であることは前提していた．そして賭けるたびに，赤が出る確率が前より高くなっているに違いないと結論づけたのだ．最終的に，結果の一時的な不均衡は相殺されるはずだ．それが，「平均値の法則」の述べるところではないか．さらに言えば，黒が20回も連続して出る確率は，途方もなく小さい．21回連続して出る確率はもっと低い！　それゆえ，このような出来事を

147

目の当たりにするというのは，本当にありそうにないことだ．

　この考え方は魅力的だが，完全に間違っている．なぜか？　ギャンブラーたちは，ルーレット盤で次に何が出るかが，その前に何が出ていたかに依存すると考えていた．しかし，実際のところ，各回の結果は，その他のすべての結果から独立しているのだ．たしかに，公平なルーレット盤が20回（まして26回）も連続して黒を出すというのは，そうそうないことだ．したがって，そのようなことが起こるはずはないと考えるのは正しい．しかし，このことから，すでに黒が20回出ているときに，21回目に黒が出る確率は小さいということは導かれない．このルーレット盤は公平なのだ．それゆえ，このルーレット盤が黒を出す確率は，いつも1/2である．より形式的な表現を用いるなら，n がいかなる値をとっても，P（黒）＝P（黒，最後の n 回の結果は黒であった）ということである．

　世界ベースの確率と安定性の法則——これらは，7，8章で論じた——によって考えるなら，ギャンブラーのあやまった考え方について別の見方をすることができる．ギャンブラーたちがこのように考えていたとすると，彼らは，試行回数が増えるにつれて，各性質の頻度が次第に安定するとみていただろう．先の公平なルーレット盤の事例では，ギャンブラーたちは，黒が1/2よりも少し小さい頻度で出ると考えただろう．それゆえ，黒がたくさん出た後には，安定性の法則の結果として，必ずや赤が出ることが続くと予想したのではないだろうか．

　だが，そんなことはないだろう．この場合も，結果を導く系がある種の記憶をもつことが必要になる．ルーレット盤が，それまでの結果にもとづいて，そろそろ赤を出すころだと，何らかの仕方で「知って」いなければならないのだ．あるいはより正確には，これまでの結果が未来の結果に対して因果的な影響力をもたねばならないのだ．しかし，安定性の法則が真であるということは，そのような「記憶」なるもの（あるいは個々の結果間の因果的連関）を要請しない．

　たしかに，そのような「記憶」が要請されているように見える理由はある．試行回数が増えるにつれて，赤が出る相対頻度が黒が出る相対頻度に近づいていくのなら，赤が出る回数も，黒が出る回数に近づかなければならないのではないだろうか．だが，一見しただけではわかりにくいが，その答えはノーであ

148

表 9.1

試行回数	表	裏	表の出た相対頻度	表と裏の差
10	0	10	0/100	10
100	40	60	40/100	20
1000	450	550	45/100	100
10000	4800	5200	48/100	400

る．表 9.1 に示されたコイントスの結果について考えてみよう．それぞれのデータ点をたどると，表と裏の出る回数の差は広がっているのに対して，表が出る相対頻度は，1/2 (50/100) に近づいている．それゆえ，問題となる過程が公平で 2 つの結果しかもたないとき，安定性の法則は，一方の結果がもう一方の結果と回数的に「釣り合っていく」ことを含意しないのだ．

ギャンブラーの誤謬を避けるためには，傾向性によって考えるのがよい．ポパーの単称事例の傾向性説のもとでは，とくにわかりやすい．(当該の過程に関する)系——例えば，問題のルーレット盤とディーラーら——は，各試行において各結果を導く，同じ傾向性をもつ．これは，この系の性質である．この系の操作の過去の結果は，まったく関係がない．一方で，ギリースの長期的傾向性説では，各結果を通して，この系は特定の相対頻度を導く傾向性をもつ．しかし，このことは，結果がそれぞれ独立していることと整合的であり，上で安定性の法則とともに提示されたのと同じように，未来の結果が過去の結果を「相殺」しなければならないことを意味しない．

もちろん，ルーレット盤で何が起きるかを見ることは，確率と未来に何が起こるかを考える道しるべにはなりうる．例えば，先に言及したグラン・カジノのルーレット盤が立て続けに黒を出したとき，その盤は新調したてであったとしよう．もし，あなたがこの事例の当事者であるとして，このことを知っているなら，あなたは，先の結果が，盤が不公平であることの証拠だと考えるだろう．具体的には，あなたは，黒が出る確率が，赤が出る確率よりも高いと考えるかもしれない．これはもっともだ(物理的に考えられる原因の 1 つとしては，ボールが鉄製で，黒枠の下に強力な磁石が隠されていたというのがある)．しかし，以上のことはギャンブラーの誤謬を犯すこととは異なる．ここでは，このルーレットを 1 度回したときに黒が出る確率を算出するのに過去のデータを

用いているからだ．そのときあなたは，ある試行で何が起きたかが他の試行で何が起きるかに影響を与えるという前提をおいてはいない．ここでのあなたの仮説的な思考の結論にも注意されたい．あなたは，この場合，赤よりも黒に賭けたくなるだろう．ギャンブラーの誤謬を犯している者とは逆である．

イアン・ハッキングが論じた，逆ギャンブラーの誤謬というのもあるが，こちらも見ておく価値がある（Hacking 1987）．こちらの誤謬は，現在起きていることから，未来に起きることではなく，過去に起きたことをあやまって推論することと関わる．より正確には，この誤謬は，ゲームのようなシナリオで，ある時点における結果がそれ以前の結果に何らかの仕方で依存するという前提と関わる．ハッキングがあげた例の1つを見てみよう．

> ひとりのギャンブラーが部屋に入ってきて，［2つのサイコロを転がす］公平な装置の方へ歩いていく．そして，2つとも，6が出ていることを確認する．おせっかいな人が尋ねる．「あなたは，これが今宵最初のサイコロ投げだと思いますか？ それとも，すでに何回もサイコロは投げられたのでしょうか？」ギャンブラーの考えはこうである．2つとも6が出ることはめったにない．おそらく，これまでに何回もサイコロは投げられたのだろう，と．（Hacking 1987: 333）

これがおかしいことは，明らかだろう．実際，サイコロが公平であるとすれば，どの結果の起きやすさも，他の結果の起きやすさと同じだ．1に続いて2が出る確率は2に続いて1が出る確率と同じだし，1に続いて3が出る確率は，3に続いて1が出る確率と同じである．36種類の分割不可能な可能性の起こりやすさは，すべて同じである．

さらに，私自身の見解としては，逆ギャンブラーの誤謬は，過去の試行の回数についての推論に関するものである必要はない．再び，グラン・カジノで立て続けに黒が出た件を考えよう．そのルーレット盤の最近の結果を知らないギャンブラーは，黒が立て続けに出たのを見て，近い過去に赤が立て続けに出たことがあって，それが「相殺された」に違いないと結論づけるかもしれない．黒が立て続けに出たのを目の当たりにしたギャンブラーたちが，この可能性を

150

9 誤謬, パズル, パラドックス

考慮していなかったように見えるのは, 興味深く, また, 少し不可解である.

9.2 基準率の誤謬

生命保険に申し込んで血液検査を受けたとしよう(生命保険会社が加入にあたって, 例えば HIV などについての血液検査をするのは普通のことである). 1つの検査で, 1万人に1人がかかる珍しい病気について陽性反応が出た. この検査が偽陰性を出すことはない——血液がその病気にかかっている人のものであれば, 必ず陽性の結果が出る. しかし, この検査はときどき偽陽性を出す——病気にかかっていない血液であっても, 陽性の結果がときどき出る. より具体的には, この検査では, 1% の割合で偽陽性が出る. あなたが病気にかかっている確率はどれくらいだろうか.

99% と言いたくなるのではないだろうか. 心理学実験が示す証拠によれば, ほとんどの人がそうである. したがって, ほとんどの人が, 先の検査結果を見たら自分がその珍しい病気にかかっていると考える. しかし, これは間違いである. その考えは, 入手可能な情報のなかで重要なもの, すなわち, その病気にかかっている人の基準率を無視しているからである. この病気にかかるのが1万人に1人だけであるということを思い出してほしい. しかし, もしみんながこの検査を受けたとすると, その結果を見て私たちは(おそらく)1万人に1人以上の人がその病気にかかっていると考えるだろう.

この事例では, すべての情報を確率の相対頻度の解釈に整合させて考えると, 間違いを犯すことを避けられるだけでなく, 簡単に正しい答えを見つけることができる. 試してみよう.

1. 1万人に1人はその病気にかかっている.

2. その病気にかかっている人はみんな血液検査で陽性の結果が出る.

3. それゆえ, 1万人に1人は陽性であり, その病気にかかっている.

4. 1万人のうち 9999 人はその病気にかかっていない.

5. 9999 人のうち 99.99 人は陽性であるが, その病気にかかっていない.

6. それゆえ, 1万人のうち 99.9 人は陽性であるが, その病気にかかって

151

いない.

　それでは, 陽性の結果が出て, 実際にその病気にかかっている人の相対頻度は
どうなるであろうか. それは, あと数行の推論で出すことができる.

　7. 1万人のうち100.9人は陽性である.（3と6の和）
　8. 検査結果が陽性であった100.9人に1人はその病気にかかっている.
　　（1と7より）
　9. それゆえ, 検査結果が陽性であるときに, その病気にかかっている確
　　率は, 1/100.9≈1/101である.

　だから, うろたえてはいけないのだ！（ここでは相対頻度説にもとづいて考え
ているので, 厳密には, あなたに確率値を振るべきではない. 問題の集まりか
らランダムに選ばれた人と考えることはできるが.）もし, 保険会社が陽性の
検査結果にもとづいてあなたとの契約を拒否したなら, 彼らは不公平だろう.
リスクはごくわずかなのだ. 悲しいかな, 保険会社というのは, 用心深くなり
すぎて誤った判断をするので, しばしば不公平なのだ. ここでこの問題を解決
することはできない. 解決できれば良いのだが.
　この誤謬を避けるうえで, 付録Bで論じられるベイズの定理がとても役に
立つことは, 注目に値する. 上の事例をもう一度考えよう. h は「あなたはそ
の病気にかかっている」だとする. そして, e は,「あなたの検査結果は陽性
であった」だとしよう. ここで知りたいのは$\mathrm{P}(h, e)$, すなわち h の事後確率
であるが, これは先の定理を用いることで計算できる. 自分でやってみたい
という人は, 付録の例を参考にしてほしい. 指針として, 上の例で与えられてい
る情報を形式的に表現しておく.

　1. $\mathrm{P}(e, h)$ は1である. すなわち, もし, あなたがその病気にかかってい
　　るなら, 検査結果は必ずそれを示す.
　2. $\mathrm{P}(e, \neg h)$ は1%, あるいは, 0.01である. すなわち, 検査で「偽陽
　　性」が出ることは少ない.

3. $P(h)$ は 1/10000, あるいは, 0.0001 である. すなわち, この病気の基準率はとても小さい.

9.3　逆転の誤謬

いわゆる逆転の誤謬は, 条件つき確率をその逆の確率と混同してしまうものである. より形式的に言えば, $P(p, q)$ を $P(q, p)$ と混同してしまうことだ. 聞いてピンと来なければ, これが誤りであることは, 確率の論理的解釈と論理的含意の事例によっていちばんよく説明できる. p を「すべてのウサギは黒い, かつ, ティムはウサギである」とし, q を「ティムは黒い」としよう. ここで, p は q を含意するので, $P(q, p)$ は 1 である. しかし, q は p を含意しない. q が真であっても, ティムは人間でもありえるし, ヘビでもイヌでもネコでもウマでも, あるいはおもちゃでさえありうるのだ. したがって, q が「ティムはウサギである」を示すとはとても思えない. さらに言えば, (たまたま「ティム」と呼ばれている)黒いものがあるという単なる事実は「すべてのウサギは黒い」ということを確証しない.

この間違いは, 愚かな人間でなければしないほど明らかだと思われるかもしれない. しかし, 意外にも, この間違いが定期的に起こっていることの証拠があるのだ. おまけに, (広く知られた)専門家でさえ, 結論が重大な文脈でやっているのである. ジョナサン・ケーラーは, 遺伝子から人物を「特定し」た結果についての法廷尋問の際に, 犯罪科学の研究者がこの間違いをどのように犯すのかを論じている (Koehler 1996). 例えば, 私の DNA と犯行現場で発見された髪の毛の DNA が一致したとしよう. 犯罪科学者は, 髪の毛が私のものでない〔¬mine〕ときに DNA の一致する〔match〕ことが起こる確率 $P(\text{match}, \neg\text{mine})$ を提示するかもしれない. そうした証言はよく耳にするだろう. 次のような感じだ. 「髪の毛がダレルのものでないとすれば, DNA が一致することは, 100 万回に 1 回もない.」しかし, これは $P(\neg\text{mine}, \text{match})$ とは完全に異なる. したがって, 次のように結論づけるのは誤りである. 「DNA が一致している場合, 髪の毛がダレルのものでないことは, 100 万回に 1 回もない.」しかし, 犯罪科学者の中には, このように結論づけるか, ある

いは少なくともこのように言う人がいるのである．以下は，ケーラーによる，
法廷記録にもとづいた例である (Koehler 1996, n. 8)．

> フロリダ事件における FBI の科学者が殺人被害者の血液とブランケット
> から採取された血液との DNA の一致を証言した後，検察官は科学者に次
> のように問うた．

> Q：それで，あなたのご専門では，遺伝子が一致すると言うとき，どのよ
> 　うなことを意味しているのですか？
> A：それらが同一だということです．
> Q：ということは，ブランケットについた血液について，あなたは，それ
> 　が Sayeh Rivazfar[被害者]のものだと言えるということですか？
> A：それらの2つの DNA が一致しており，同一であるということは，か
> 　なりの確信をもって言うことができます．そして，人口統計学によって，
> 　ブランケットの血液が被害者のものでない確率を導くこともできます．
> Q：今回の事例だと，その確率はどれくらいですか？
> A：今回の事例だと，ブランケットの血液が被害者のものでない確率とし
> 　ては，700万回に1回の見込みです．

ゾッとする話ではなかろうか．さらにひどいことに，ケーラーの実験によれば，
そのようなミスリーディングな証拠は，ときに陪審員の有罪判決に強い影響を
与えるという (Koehler 1996)．これについては納得がいく．だから，先ほど誤
謬を提示するときにしたように，論理的な用語で考えることが間違いを防ぐの
に役立つということには，ちょっとホッとする．これはカリノフスキーたちに
よる発見である (Kalinowski, Fidler, and Cumming 2008)．彼らはまた，付録 B
で見るベイズの定理を用いるよう学生たちにすすめることで，先の誤謬に対す
る脆弱性を緩和できることも発見した．これは，驚くことではない．というの
も，どちらの戦略も，諸言明を記号——p や q のような命題変項——で表し，
これらの記号間の方向のない関係を考慮するよう学生たちを促すからである．
　最後に付け加えておきたいのは，逆転の誤謬によって，基準率を無視してし

まう人がいるわけを説明できるかもしれないということである．そのような
人々は，意中の情報とは異なる情報 P(p, q) を得たときに，それが求めていた
情報 P(q, p) だと取り違えてしまっているのかもしれない．

9.4 連言の誤謬

以下の引用を見てほしい．

> フランクは 35 歳で背が高く，運動神経抜群である．彼は若いころ，多く
> のスポーツで活躍した．サッカーでは，幼い頃から特別な才能を発揮し，
> 18 歳以下のイングランド代表チームで，セントラルミッドフィルダーを
> つとめた．そのままクラブチームでプレイし，29 歳のときに引退した．
> どちらがよりありそうだろうか．
> ⑴フランクは先生である．
> ⑵フランクは体育教師であり，その学校のサッカーチームのコーチでもあ
> 　る．

正しい答えがわかっただろうか．上の一節は，アモス・トヴェルスキーとダニ
エル・カーネマンによる実験で用いられたものにもとづいている（Tversky and
Kahneman 1982）．実験の内容は次の通りである．

> リンダは 31 歳で，独身，率直でとても明るい人間である．彼女は哲学を
> 専攻した．学生の頃は差別問題や社会正義に深い関心をもち，反原発デモ
> にも参加していた．
> どちらがよりありそうだろうか．
> ⑴リンダは銀行の窓口係である．
> ⑵リンダは銀行の窓口係であり，フェミニスト運動にも参加している．

トヴェルスキーとカーネマンの実験では，ほとんどの被験者が 2 番目の選択肢
を選んだ．しかし，これは間違いである．理由は単純だ．（出来事あるいは命

題の)連言の確率は，2つの選言肢の一方の確率より大きくはなりえない．形式的に言えば，$P(p \& q) \leqq P(p)$ かつ $P(p \& q) \leqq P(q)$ である．（私の例での誤りの方がより深刻である．この例では，「フランクは先生である」(p)だけでなく，「フランクは体育教師である」(q)と「フランクは彼の学校のサッカーチームのコーチである」(r)とも関わっているからだ．$P(p \& q \& r) \leqq P(p)$ は，$P(p \& q) \leqq P(p)$ よりも明らかだろう．）

　トヴェルスキーとカーネマンの元の実験は，学生を対象としたものだった．しかし，驚くべきことに，また，恐ろしいことに，彼らはのちに，患者の症状にもとづく診断結果について問われた医師も同種の間違いを犯す——91% の事例でそうであった——ことを明らかにしたのだ．医師たちは，患者たちが1つの問題をかかえているよりも，2つの問題に悩まされている方がもっともらしいと考えたのだ．詳細については論文(Tversky and Kahneman 1983: 301-2)を見てほしい．

　それでは，この間違いはなぜ生じてしまったのだろうか．先の事例の文章の中には，銀行や銀行の窓口係，先生などについての情報がなかったから，というのが単純な答えである．このために，被験者たちは，文章内で論じられていた題材に最もよく関連しそうな選択肢にひきつけられたのだ．正確な理由に関しては論争があるのだが，ここでは立ち入らない．興味があるなら，元の論文(Tversky and Kahneman 1982)から始めるのがよい．

　この誤謬を説明するうえでは，多くの確率解釈が役に立つ．1つの方法は，4章で論じられた賭けのシナリオと合理的な賭け比率を考えるものである．合理的な人間であれば，（頭のいいブックメイカーを前にして）2頭の馬が別々のレースでそれぞれ勝つことに，2頭のうちの1頭がどちらかのレースで勝つことよりも高い賭け比率を設定したりはしないだろう．

　興味深いことに，連言の誤謬は，問いが頻度にもとづいた仕方で，特定の参照クラスに言及しながら提示されると起きにくくなるという研究結果が明らかになっている．例えば，クラウス・フィードラーによれば，「リンダに関する問い」を以下の形にして人々に提示すると，誤謬を犯す確率が大きく下がる(Fiedler 1988)．

さきほどの記述(リンダに関する記述)に適合する人が, 100 人いる. そのうちの何人が以下を満たすだろうか.

(a)銀行の窓口係

(b)銀行の窓口係であり, フェミニスト運動にも参加している

この例から, 問題の誤謬の射程範囲がはっきりする. 特定の確率解釈によって考えることが, それらの誤謬を説明したり, しばしば, 避けたりするのにも役立つとわかっただろう.

9.5 モンティホール・パラドックス

最後にこの節を加えたのは, ちょっとしたおふざけからであるが, とはいえある種の教訓が得られることは間違いない. 以下で示すのは, 興味深いパラドックス——少なくとも, これがよく「パラドックス」と言われるのは確かだ——であると同時に, 多くの傲慢な男性教授たちが(大学の哲学科を中退した)1 人の素人の女性に反対することで, 恥をさらした驚くべき話でもある.

この話は, 1990 年にマリリン・ボス・サバントが, 『パレード』という雑誌のコラム「マリリンに聞く」で取り上げたパズルに関するものである. マリリン・ボス・サバントは, IQ テストで高得点をとったことでよく知られている. 彼女の名前は, 『ギネスブック』の「最高の IQ」という項目に, 5 年間掲載されていた(ちなみに, このカテゴリーは, IQ テストの信頼性の問題から廃止された. さらに, ボス・サバントの幼少期のテストでは, 誤った解釈により 228 というスコアが提示された. 当時の規定では, このテストの最高値は「170＋」であった. ついでに言うと, 私も 7 歳くらいのときに IQ テストを受けたが, そのスコアは 170＋であった. 悲しいことに, 私は富と名声を得ることができなかったが. だがそれでも, この結果はすばらしいものだった. そのまえに私は, 学校から言われて精神科を受診させられていたからだ. 私の素行を理由に, 彼らは私が学習能力に難をかかえていると考えていたのだ. 今となっては, 彼らこそ教育に難をかかえていたと思うが).

実は, このパズルはジョセフ・ベルトランが提示したパズル(Bertrand

1888）の別バージョンである．現在，このパズルは箱のパラドックスとして知られているが，一部の人には「モンティホール問題」としてすでに知られていたものである（Selvin 1975 を参照）．ともかくも，提示されたパズルとは次のようなものである（vos Savant 2014）．

> あなたがテレビのゲーム番組に出ているとしよう．目のまえには3つの扉がある．1つの扉の向こうには，車がある．その他は，ヤギだ．あなたは1の扉を選んだ．続いて，扉の向こうに何があるかを知っている司会者は，3の扉を開けた．扉の向こうにはヤギがいた．彼はあなたに「扉2にしますか？」と聞く．あなたは，扉の選択を変えた方が良いだろうか？
>
> クレイグ・F・ウィタカー
コロンビア，メリーランド

これに彼女は次のように答えた．

> 答えはイエス．扉の選択を変えた方が良い．最初に選ばれた扉の勝率は1/3だけれど，2つ目の扉の勝率は2/3である．次のように考えると，何が起きているかを思い浮かべやすい．100万個の扉があり，あなたは扉1を選んだとしよう．続いて，扉の向こうに何があるかを知っている司会者は，景品のある扉を避けながら，扉777777以外のすべての扉を開けた．この場合，あなたはすかさず扉777777を選ぶのではないだろうか．（vos Savant 2014）

ボス・サバントは正しいだろうか．彼女の見解には，数学科の教授を含む多くの研究者たちが反対した．さらに，彼らは，ボス・サバントが自身の答えをよりくわしく説明した後も，反対し続けた．そうした研究者たちの手紙のうち，興味深いものを抜粋して以下に示そう．これらの多くは，ボス・サバントのウェブサイトに再録されている（vos Savant 2014）．

9 誤謬，パズル，パラドックス

あなたが扉の選択を変えようが変えまいが，勝率は変わらない．この国が数学について無知であることはもうわかっていますから，世界最高のIQの持ち主がこれ以上無知を広める必要などありません．恥を知りなさい．

とんだ失態ですよ．私は数学の専門家として，一般人の数学的能力のなさをとても気にかけています．せめて自分の誤りを認めて，今後は気をつけてください．

次にこの種の問題に回答するときは，そのまえに確率の標準的な教科書を買ってきて参考にすることをおすすめします．

この件について，あなたは高校生や大学生からたくさんの手紙をもらうでしょう．たぶんそのうちのいくつかの住所を控えておいた方が良い．今後のコラムの助けになるでしょうから．

あなたは間違っていた．でも，ポジティヴに考えましょうよ．間違いを指摘した博士諸君がみんな間違っていたとしたら，この国はたいへんなことになっていたでしょう．

いやはや，最後の文が正しいとすれば，なるほどたしかにアメリカは「たいへんなこと」になっているわけだ．すべての博士諸君は（以下で見るいくつかの前提を彼らとボス・サバントが共有していたとすれば）実際に間違っていたのだから．まことに滑稽な話である．間違いの理由を理解するには，ゲーム番組の繰り返しにおける長期的傾向性を考えるとよい．
　先の事例の過程を注意深く検討し，結果をリストアップしていこう．

　ステップ1：車は，3つのうちのいずれかの扉の後ろにランダムに配置される．

　（この前提は明示的には示されていない．結果を変えずに，他の前提をお

くこともできる．例えば，車については毎回意図的に同じ扉——あるいは
特定の複数の扉——の後ろに置かれるが，回答者についてはステップ2で
ランダムに扉を選択するという前提をおくのもよい．)

ステップ2：回答者が扉を選択する．

結果1：ステップ2で選択された扉の後ろには，長い目で見れば，大方
（そして，極限においては正確に）1/3の割合で車がある．

ステップ1でランダム性の前提をおくことは重要である（この点は，元の問い
やボス・サバントの応答では明らかでない）．この前提がないと，例えば，回
答者が毎回扉1を選択し，車も毎回扉1の後ろに配置されるということが可能
になってしまう．残りの過程を見ていこう．

ステップ3：回答者が選んだ扉の後ろに車がある場合は，司会者は残りの
2つの扉の一方をランダムに選ぶ．回答者が選んだ扉の後ろに車がない
なら，司会者は，選択されていない扉のうち，後ろに車がない方の扉を
開けなければならない．というわけで，司会者は，車のありかを示唆し
ないような仕方で，選択されておらず，かつ，後ろに車がない扉を開け
る．

（これもまた，元の問いやボス・サバントの回答に含まれていない，重要
な前提である．しかし，ボス・サバントは，司会者が「常に商品のある扉
を避ける」ということを要求している．)

結果2：ステップ3での司会者の行為は，けっして結果1を変えない．す
なわち，ステップ2で選択された扉の後ろには，依然として1/3の割合
で車がある．以上——および，ステップ3の後も，車が開けられていな
い2つの扉の一方の後ろにあるという事実——より，ステップ2で選択
されず，司会者にも開けられなかった扉の後ろには，2/3の割合で車が

160

ある.

ステップ4：回答者は扉の選択を（ステップ2で開けられなかった扉へ）変えるかを問われる

ステップ5：回答者は，選択した扉の後ろにあるものを獲得する.

結果3：扉の選択を変えると，2/3の割合で車を獲得できる.

以上の説明でわからなければ，実験をしてみるとよい．あるいは，Googleで「Monty Hall simulator」と検索すれば，コンピュータによるシミュレータを見つけることができる（私が検索したときには，「http://stayorswitch.com」にシミュレータがあった）．しかし，ステップ3の後に言及した追加的な前提の役割を理解することは重要である．これらは，先の問いには現れていなかった．その重要性を理解するために，ステップ3が次のように異なっているとしよう．すなわち，司会者は，選択されていない扉の1つを開けなければならないのだが，彼は車がどこにあるかを知らず，それゆえ彼の開ける扉の後ろには車がある可能性がある．そして，もし彼の開けた扉の後ろに車があったら，ステップ4にたどり着くまえにゲーム終了となる（この場合，回答者はヤギを獲得する）．この場合，ステップ4で扉の選択を変えることの長期的傾向性は，先のものとは異なる．次のように考えてみよう．最初の時点で，1/3の割合で回答者は正しい扉を選択する．司会者は，（修正後の）ステップ3で，1/3の割合で正しい扉を開ける（これが明らかでない場合は，次のように考えてみよう．2/3の割合で，回答者は正しい扉を選択しない．そして，司会者は1/2の割合で後ろに車のある扉を開ける．それゆえ，全体としては，司会者は1/3の割合で車のある扉を開ける．2/3と1/2の積は1/3だからだ）．1/3の割合で，ゲームはステップ4に到達し，車は回答者が最初に選択しなかった，開けられていない扉の後ろにあることになる．ということは，全体としては，2/3の割合でステップ4に到達することになる．この時点では，1/2の割合で，ステップ2で選択された扉の後ろに車がある．残りの1/2の割合で，もう一方の開けられていない

扉の後ろにある．それゆえ，ステップ4において扉の選択を変えることにメリット（あるいはデメリット）はないことになる．

この話から導かれる教訓は2つある．1つ目は，単純に見える確率の問題も，注意深く，秩序立てて考えないと，解くのが難しいことがあるということだ．これは，本章の他の節での議論からわかったことからも支持される．そして，多くの場合，さまざまな解釈にうったえて考えることで，これらの問題をよりよく理解することができる．

2つ目の教訓は，次の通りである．すなわち，確率の問題に立ち向かうまえに，それが明確に定義されたものであるかを確認するのは重要である．そして，さまざまな解釈にうったえて考えることで，その問題が明確に定義されたものであるかを説明しやすくなる．今回の場合，長期的傾向性にうったえて考えるのが良いということがわかった．これは，系の過程に着目するものだからである（一方で，結果に対する信念の度合いによって考えることは，必ずしも助けにならない）．

文献案内

これまでに見た誤謬に関する心理学の成果については，すでに多くの文献をあげた．類似する確率的思考の誤り——そして，これまでに私たちが見た誤謬——に関する詳細を見るには，アレックス・ラインハート（Reinhart 2015）を参照すると良い．次のウェブサイトも参考になる．www.statisticsdonewrong.com

10

人文学，自然科学，社会科学における確率

いよいよ終わりに近づいてきた．最終章では，確率解釈が，人文学，自然科学，社会科学における理論の選択(やときには適用)の理解にどのような影響をもたらすかを見ていく．ここでは，哲学，生物学，経済学，物理学の4つの領域を見ることになる．より具体的には，それぞれ，確証理論，メンデルの遺伝学，ゲーム理論，量子論を扱う．

10.1 確証理論

科学哲学者たちは，理論が証拠によって確証(confirm)されるとか反証されるとかということがどのような意味をもつのかに，長らく関心を抱いてきた．つまるところ，科学者を含んだほとんどの人が，現代科学の中心的な理論は，入手可能なすべての証拠によって十分に確証されていると考えている．たとえそれらが当該の理論を含意するわけではないとわかっていてもである．確証がどのようにしてなされるのかを理解することで，科学方法論の研究についても何らかの帰結が得られるかもしれない．例えば，新たな予想を立てられずとも，すでにわかっている証拠に適合すれば，理論が確証されていると言えるのかということについての論争は，興味深いものの1つである．

さて，同じ証拠によって，競合する種々の理論がさまざまな程度で確証されるということがありうる．したがって，確証が程度をもち，数値化して測定できると考えるのは自然である．例えば，証拠 e のもとで，理論 T_1 は理論 T_2 よりもよく確証されるかもしれないし，T_3 は T_1 や T_2 よりももっとよく確証されるかもしれない．したがって，このような状況では，与えられた証拠 e のもとで理論 T の確証を $\mathrm{C}(T, e)$ と表すとすれば，$\mathrm{C}(T_3, e) > \mathrm{C}(T_1, e) > \mathrm{C}(T_2, e)$ と言えるかもしれない．簡単な例を見ておこう．1万回のコイントスで表が

163

出る相対頻度に関する理論を考える．e を「最初の 100 回の試行で，表が出る相対頻度は 0.55 であった」としよう．そして，T_3 を「全体として，表が出る相対頻度は 0.45 から 0.55 のあいだの値をとる」とし，T_1 を「全体として，表が出る相対頻度は 0.49 から 0.51 のあいだの値をとる」，T_2 を「全体として，表が出る相対頻度は 0.7 から 0.72 のあいだの値をとる」としよう．明らかに，$C(T_3, e) > C(T_1, e) > C(T_2, e)$ であると言えよう．

また，「アインシュタインの一般相対性理論はおそらく真である」という言い方をするのも普通である．これは，「私たちのもつ証拠に照らして，アインシュタインの一般相対性理論はおそらく真である」および「アインシュタインの一般相対性理論はとてもよく確証されている」をカジュアルに言ったものである．そして，おそらくこれは偶然ではない．「(e のもとで）T はかなりもっともらしい(probable)」と「T は(e によって）かなり確証されている」は同値だと言えるだろうか．けっして唯一というわけではないが，これに対する一般的な答えは，「イエス」($C(T, e) = P(T, e)$）である．同時に，これは都合の良い答えでもある．これが正しいとすると，ベイズの定理(付録 B を参照)を用いて確証の値を計算できるかもしれないからである．

理論の確証が理論の確率と同じだとすれば，私たちの確証の理解において確率の解釈が問題になるのは明らかである(どのようにして問題になるのかは，後で手短にふれる)．しかし，確証が確率と同じではない——$C(T, e) \neq P(T, e)$——とする論者であっても，その多くが，確証は確率によって定義されるべきであると考える．例えば，1 つの見解として，ある証拠(e）がある理論(T）をどれくらい確証するかは，当該理論がどの程度この証拠を予測するかによってはかることができるとするものが考えられる．すなわち，$C(T, e) = P(e, T) - P(e)$ ということである(これは確率ではないので，負の値もとる)．以上より，科学理論の話になると，多くの(可能な，そして，実際の)確証の説明において，確率解釈は問題になるのである．

それでは，正確に，どのようにして問題になるのだろうか．確率が確証の理解において問題になる 1 つの重要な仕方は，科学における確証の客観性に関わるものである．例えば，確率が純粋に主観的なものなのだとすると，どの時点においても，科学理論がどのようにして確証されるのかということに関する客

観的な説明は(その理論が証拠と不整合でもないかぎり)与えられないことになる. 合理的な人間のあいだで, 確証の値は相当異なるであろう. したがって, 「Tは証拠eによってかなりよく確証されている」と言うことは, 当然「誰にとって?」という問いを呼び起こす. そして, 両者の信念の度合いがそれぞれ確率の公理(および, 4章で言及したいくつかの小さな制約——例えば, 含意関係を尊重するとか)を満たすのであれば, 同一の証拠を受け入れているときに, 科学者の見解が僧侶の見解よりも優れていると考える明らかな理由はない. 確率が間主観的に理解される場合も, 類似したことが言える. すなわち, この場合, 確証の値は合理的なグループ間で異なることになるだろう. 例えば, 同じ証拠(望遠鏡を用いてなされた観察言明)を受け入れても, カトリック教会と王立天文学会では, 合理的な仕方で, 異なる天文学理論を選好するであろう.

　対照的に, 確率の論理的見解(および, ある種の事例における客観的ベイズ主義)によれば, 証拠と理論の関係は一意的に定まっている. したがって, カトリック教会と王立天文学会が, いずれの天文学理論によりよく確証されているかについて対立しているのであれば, 少なくとも一方のグループは間違っているということになる.

　この違いをよりはっきりと浮き彫りにするために, 先に言及した$C(T, e) = P(e, T) - P(e)$を用いた, 歴史的なシナリオを考えてみよう. これは, いわゆる「ポアソンスポット」に関わる. 1819年, フランス科学アカデミーは, その年の大賞を光の回折に関する最も優れた論文に贈ると発表した(量子力学を扱う以降の節で, 回折の現代的観点からの説明を与える. しかし, ここでその詳細に立ち入る必要はない). オーギュスタン・フレネルは, その賞への応募者の1人であり, 自身が投稿した論文では光の波動説を打ち立てた. しかし, 数人の審査員が, 光は粒子からなるとする光の粒子説を好んだ. そのような審査員の1人であったシメオン・ポアソンは, フレネルの理論が正しいとすれば, 不透明な円盤が照らされたときに投影される影の中心には輝点が現れるということを示した. そして, 彼は, 他の審査員と同様に, そのような輝点が現れないということを知っているつもりでいた. 影に関する日々の経験からわかっていたということだ(芸術家たちもまた, 幾何学的な投影法によって, 布片などを用いて影を描き出していた). それゆえ, 彼は, フレネルの理論が偽である

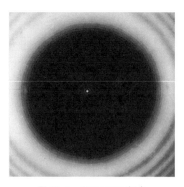

図 10.1 ポアソンの輝点
Reproduced from Phillip M. Rinard, "Large-scale diffraction patterns from circular objects," *American Journal of Physics* 44, 70 (1976), with the permission of the American Association of Physics Teachers.

と論じた.しかし,フレネルにとっては幸運なことに,審査員長であったフランソワ・アラゴが,ポアソンが説明した実験を行うことを強く要求した.そして,輝点は発見されたのだ! 図 10.1 を見てほしい.

　フレネルが大賞を受賞した! 私たちは,$C(T, e)$ に対する方程式によって,これを次のように理解するかもしれない.ポアソンの輝点 (e) の存在は,重要であった.これは,フレネルの光に関する理論 (T) (と他の議論の余地のない主張)の帰結だったからである.しかし,当初その存在は「思いもよらない」ものであった.$P(e)$ が極端に小さかった一方で,$P(e, T) = 1$ である.それゆえ,$C(T, e)$ はとても大きい(私は「他の議論の余地のない主張」に言及した.だが,必要であれば,背景情報 (b) に明示的に言及することもできる.これは,確証の式における古い証拠も含む.すなわち,$C(T, e, b) = P(e, T\ \&\ b) - P(e, b)$ を用いればよい.式を単純なものにするため,b は除外する).

　上の「思いもよらない」,つまり,輝点の存在を示す実験が行われる前に,$P(e)$ が極端に低いということはどのように理解されるべきだろうか.ここに,確率解釈が問題になるポイントがある.審査員は,先の予測をたまたま期待していなかったからそれに驚いたのだろうか(審査員たちの個人的な確率が単純に小さかったのだろうか).そうだとすれば,実験の力というのは,純粋に心理学的なものであったように見える.一方で,実験前の入手可能な情報に照ら

して——すなわち，確率の論理的見解ないしは客観的ベイズ主義のもとで——
P(*e*) に対する合理的な信念の度合いが極端に小さかったということであれば，
この実験はある種の客観的な力をもっていたということになるように見える．
この実験は，（すでにある証拠にもとづいて）あらかじめ信じるということが不
合理であるような現象を明らかにした．フレネルの理論はこの現象を予測した
のだ．

　まとめると，確証理論の文脈で私たちが確率をどのように扱うかは，よく確
証された現代の科学理論についての認識的状態を私たちがどのように理解する
かということに大きな違いをもたらしうる．

10.2　メンデルの遺伝学

　19 世紀に，グレゴール・メンデルはエンドウマメ（*pisum sativum*）を用いた
繁殖実験を何度となく行い，現代遺伝学の種をまいた（なんとも下手なしゃれ
だ！）．とくに，彼は，種々の形質がどのように遺伝するのかということに関
心があった．例えば，黄色いエンドウマメの個体を緑のエンドウマメの個体と
交配させたら，何色の個体が生まれるのだろうか．あるいは，背の高い個体と
背の低い個体を交配させた場合はどうだろうか．生まれてくる個体の背丈はど
れくらいだろうか．

　メンデルは，この形質の遺伝にパターンがあること，そして，それらが単純
に（多くの人が考えていたように）「混ざる」のではないということを発見した．
例えば，親のエンドウマメの花がそれぞれ紫と白であるとき，その子孫の花の
色はピンクではない．メンデルの実験の結果の詳細を見ればわかるように，こ
の場合，子孫の花の色は紫か白のいずれかである．

　メンデルは，白い花をもつエンドウマメと紫色の花をもつエンドウマメを掛
け合わせることから始めた．この場合，（第 1 世代，あるいは，G1 では）紫色
の花の個体だけが生まれた．次に，彼は G1 世代を自家受粉させ，次の世代の
エンドウマメ（G2）を得た．ここで，メンデルは G2 世代の約 1/4 の個体の花が
白色であり，残りの 3/4 の個体が紫色であることを発見した（彼自身の G2 世
代に関する実験結果では，705 個の個体の花が紫色で，224 個の個体の花が白

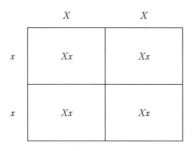

図 10.2 他家受粉におけるパネットの方形

色であった.したがって,G2 世代のエンドウマメの花が白色である確率は 1/4 であり,紫色である確率は 3/4 であるように思われる).

　メンデルは,それぞれのエンドウマメが花の色を決める遺伝子を対でもっているると仮定して,以上の結果を説明した.また,彼は先のエンドウマメには,2 種類の色遺伝子(2 つの対立遺伝子)が現れているとも仮定した.これらを X (紫色の遺伝子)と x(白色の遺伝子)と呼ぶことにしよう.彼は次のように考えた.すなわち,彼が最初に交配したエンドウマメは,それぞれ XX と xx という遺伝子の対をもっていた.そして,生まれてくる個体は親の個体から 1 つずつ遺伝子を受け継いだ.したがって,それらはすべて Xx(あるいは,xX.これらは同じ組み合わせであり,順序は問題にならない)という遺伝子の対をもって生まれてきた.このことは,「パネットの方形」として知られる表を用いて表すことができる(図 10.2).この名前は,イギリス人遺伝学者レジナルド・パネットに由来している(このあいだ,私が彼と同じ学校に通っていたことがわかった.むろん彼は何十年も先輩だが.さてこのことの確率はどれくらいだろう?).精子がもちうる対立遺伝子――ここでは,xx(白色)個体からの遺伝子――は表の左側に,卵がもちうる遺伝子――ここでは,XX(紫色)個体からの遺伝子――は表の上側に記載されている.

　ここで,X 遺伝子が x 遺伝子よりも優性であるとすれば,(G1 の)すべての子孫の花が紫色であるということになる.メンデルは,自分の実験がこのことを示唆すると考えた(優性遺伝子を表すのに大文字をつかい,劣性遺伝子を表すのに小文字をつかうのはお約束である).

　ここで,図 10.3 からわかるように,G1 の個体が(自家受粉によって)生殖す

	$X(\mathrm{P}=\!1/2)$	$x(\mathrm{P}=\!1/2)$
$X(\mathrm{P}=\!1/2)$	$XX(\mathrm{P}=\!1/4)$	$Xx(\mathrm{P}=\!1/4)$
$x(\mathrm{P}=\!1/2)$	$Xx(\mathrm{P}=\!1/4)$	$xx(\mathrm{P}=\!1/4)$

図10.3　G1 の自家受粉におけるパネットの方形

る場合，XX 個体と xx 個体が生まれる可能性がある．より正確には，精子と卵の双方が X 遺伝子をもっているか，あるいは，双方が x 遺伝子をもっているかもしれないということである．それゆえ，白い花の個体(xx)が再び現れるというわけである．

　図 10.3 に確率が記されていることが見てとれるだろう．ここで表現されているのは，精子が X 遺伝子をもつ確率と精子が x 遺伝子をもつ確率が等しく，かつ，精子は X または x だけをもちうるということである．この文の「精子」を「卵」で置き換えれば，卵についても同じことが言える．したがって，図 10.3 のそれぞれの枠内の確率値——これらは，見ての通り，対応する行(精子がもつ遺伝子)の確率と列(卵がもつ遺伝子)の確率の積である——もまた等しい．Xx は，図の中で 2 回現れているので，その確率は 1/2 である．そして，XX と xx の確率は，どちらも 1/4 である．

　それでは，以上の確率をどのように解釈すればよいかを考えていこう．私の考えでは，この事例はただ 1 つの正しい解釈が存在する興味深いものである．議論は次の通りだ．第 1 に，この事例では，私たちは世界における実際の頻度(この存在を私たちは説明したいのである)を扱っているのだから，世界ベースの確率を用いるのが適切である．そのうえで次のように考えてみよう(以下では，上で議論したのと同じように，元の個体には色をつかさどる 2 種類の遺伝子があり，それぞれの個体がそれらの遺伝子の対をもっていると仮定する)．精子は X よりも x を運びがちであり，卵もまた X よりも x を運びがちだったかもしれない．つまり，何らかの理由によって，X よりも x の方が引き継がれやすかったかもしれない．すると，メンデルの実験における G1 の自家受粉

169

で xx(白い花)個体が生まれる頻度は，（安定化の法則が成立するならおそらく）相当大きかったかもしれないのである．それゆえ，実際に測定された頻度は，興味深い経験的事実である．

次に，世界ベースの解釈のどれが適切かを考えよう．先の確率は，現実の頻度だと考えるべきだろうか．そうではないだろう．現実の頻度は，私たちの欲する値と少し異なるからである(例えば，224/705 は 1/3 とは異なる)．それでは，仮説的な頻度だと考えるべきだろうか．それは，当該の仮説的頻度がその値をとる理由を説明する傾向性がないということを受け入れたときにだけ可能である(たしかに，傾向性の存在を受け入れながら，それらが「確率」と呼ばれるべきではないと主張することは可能である．しかし，これは大きな違いをもたらす見解なので，ここでは深刻に扱わないことにする)．したがって，相対頻度説に立ち戻る前に，傾向性説を検討するべきであろう．

第3に，どの傾向性説がうまくいくかを検討しよう．例えば，図10.3の事例に，単称事例の傾向性は現れているだろうか．現れていないように見える．個別の卵が個別の精子と出会うことを考えてみよう．ここには，卵が x 遺伝子をもっているのか，それとも X 遺伝子をもっているのかに関する事実がある．精子についても同様である．したがって，他家受粉に関するすべての単称事例において，生まれてくる個体の花の色に関する事実が存在する．

以上より，パネットの方形については，長期的傾向性説が正しいように思われる．卵についても精子についても，すべての(可能な)種類のものが(大体)同じくらいの数存在する．そして，特定の種類の精子が特定の種類の卵に出会うことを妨げるものはない．したがって，この系には，特定の種類の受精が起きやすいといった事情はない．すなわち，長い目で見れば，すべての(可能な)種類の受精が(大体)同じくらいよく起こると考えるべきである．

ここでも，例として，（図10.3で描かれている）G1 の自家受粉を用いよう．ここでは，（大まかに）X をもつ卵と x をもつ卵が同じくらい(時間を通して)存在し，（大まかに）X をもつ精子と x をもつ精子が同じくらい(時間を通して)存在する．さらに，十分に多くの卵と精子が存在し，それらが受精する機会は十分に多くある．どの精子と卵も自由に受精することができる．すなわち，この系には，特定の種類の精子が特定の種類の卵と受精しやすくなるような要

因は何もない．したがって，長い目で見て，すべての種類の受精が(大体)同じくらいよく起こると考えるのは合理的である．

　もう少し深く考えることもできるかもしれない．私は，これまでの議論でなぜ，どのようにしてすべての可能な種類の精子(あるいは卵)が，(大体)同じくらい存在することになったのかを検討しなかった．ここに，より基礎的なレベルで効果をおよぼす単称事例の傾向性はないのだろうか．これに答えを与えるためには，精子と卵がどのようにつくられるのかを考えなければならない．そして，このためには，おそらくかなり複雑な領域に首を突っ込まなければならない．しかし，現代生物学では，これは決定論的な過程と考えられているように私には思われる．そのため，私の考えでは，それぞれの種類の卵と精子の頻度もまた，長期的傾向性によるものであると信じるのは合理的である．

10.3　ゲーム理論

　「ゲーム理論」は，まさにその名前の通り，いかにうまくゲームをするかに関する理論である．このことは，一見して思われるよりも重要である．というのも，日常生活の多くの状況が，ゲームのようなもの(あるいは，ゲーム理論の対象となるゲーム的なもの)だからである．例えば，ゲーム理論は，狭い田舎道で互いに出くわした2人のドライバーに関する次のような事例を扱うこともできる．ここでは，一方のドライバーが一定の距離を後退して道を譲らなければならない．次のような状況を考えてみよう．もし，双方のドライバーが後退することを拒否したなら，どちらも予定の時刻に目的地に着くことができない．しかし，どちらのドライバーにとっても，自分が後退して道を譲ってしまうと，相手が後退する場合よりも目的地に着くのが遅くなってしまう．それゆえ，以上の状況は2人のドライバーに関するゲームと見なすことができる．

　それでは，ゲーム理論において確率はどのように問題になるのだろうか．2人のプレイヤーに関するゲームの例としてよくもち出される囚人のジレンマの検討から始めることにしよう．これは，共同で犯罪を犯して逮捕され，個別に警察からの取調べを受けている2人の人物についてのものである．どちらの人も，もう一方に情報を伝えることはできず，どちらの人ももう一方に何が起こ

		プレイヤー2	
		協力する	裏切る
プレイヤー1	協力する	−1, −1	−3, 0
	裏切る	0, −3	−2, −2

図10.4　対称的な2人プレイヤーの囚人のジレンマ

るかを気にしない．それぞれの人に選択肢が与えられている．すなわち，彼女は共犯者に罪をなすりつけて罪を逃れることもできれば，そうせずに共犯者と協力することもできる．ここで，双方が協力すれば，双方ともに1年の刑期ですむことを彼女は知っている．また，双方が罪をなすりつけあったら，双方の刑期が2年になることも彼女は知っている．さらに，一方が罪をなすりつけ，もう一方が協力したら，前者が釈放され，後者の刑期が3年になることもわかっている．最後に，双方ともが，このゲームが繰り返されないことと，共犯者に仕返しされることがないことを知っている．

　このゲームの結果は，図10.4の通りである．0は釈放を，−1は1年の刑期を意味する．他の数字についても同様である．そして，ここでは2年の刑期が1年の刑期よりも2倍わるいことであるといったことを仮定する（以上を他の刑罰で置き換え，必要に応じて上のような仮定がゲームの参加者に当てはまるようにすることもできる）．例えば，図中の右下の結果は，プレイヤー1とプレイヤー2の双方が2年の刑を受けることを意味する．「プレイヤー1」と「プレイヤー2」のラベリングを置き換えても，当該の表が各プレイヤーに与えられた先の選択肢のもとで，正確に結果（刑罰）を表すかぎり，2人のプレイヤーの状況は対称的である．

　さて，ここでどちらのプレイヤーも，相手が協力するか裏切るかということに確率値を振れば，予想される刑罰をより軽いものにするにはどうしたら良いかを考えるのに，確率を用いることができる．そこで，プレイヤー2が協力する確率はnであり，裏切る確率は$1-n$であるとしてみよう．プレイヤー1の刑罰の期待値は，協力した場合，$-1(n)+-3(1-n)=2n-3$であり，裏切った場合$0(n)+-2(1-n)=2n-2$である．この事例の場合，確率値が重要ではないということがわかる．すなわち，協力した場合の刑罰の期待値は，裏切った場合の刑罰の期待値よりも常に1年長い（このことは，段階的な考察によっ

		プレイヤー2	
		シカ	ウサギ
プレイヤー1	シカ	2, 2	0, 1
	ウサギ	1, 0	1, 1

図 10.5　対称的なスタグハント

て理解することもできる．プレイヤー2が協力するとしよう．この場合，プレイヤー1は裏切った方が良い．一方で，プレイヤー2が裏切るとしよう．この場合，プレイヤー1は裏切った方が良い．プレイヤー2は協力するか裏切るかしかできないので，プレイヤー1は常に裏切った方が良い）．

　しかし，類似のゲームで確率値が重要になるようなものもある．スタグハントと呼ばれる別の対称的なゲームを考えよう．このゲームの一例は図10.5に示されている．このゲームの背景にある考え方は次のようである（先にも言及したように，他の多くの状況が実質的に「スタグハント」として表現される）．2人のプレイヤーはどちらもハンターであり，（自分や家族のために食料や皮などを得る目的で）シカを狩るか，ウサギを捕まえるかを決めなければならない．2人のプレイヤーは協力しあえば（つまり，双方のプレイヤーがシカを選択すればということである．先の囚人のジレンマになぞらえれば，これは協力の選択肢となる），シカを捕まえることができる．しかし，プレイヤーは，相手と協力しないことにすれば，確実にウサギを捕まえることができる．したがって，相手がウサギを捕まえようとしているときにシカを捕まえようとするプレイヤーは，（相手がウサギを獲得する一方で）最終的に何も得られないことになる．どちらのハンターにとっても，シカを捕まえることは，ウサギを捕まえることの2倍の価値をもつ．（図10.5のそれぞれの数字は，狩りの収穫から得られる効用ないしは究極的な満足を表していると言うことができるかもしれない．ここで深入りすることはできないが，効用は，経済学とゲーム理論の重要概念である．好みによっては，ハンターたちが常に自分の獲物を売るという状況を考え，図中の数字が収入を表していると見なしてもよい．この場合，以降で言及される「期待効用」を「収入の期待値」と読み替えればよい．）

　それでは，囚人のジレンマのときと同じように，プレイヤー1の観点から確率計算をしていくことにしよう（ここでも，プレイヤー1は自身の利益を最大

化することにだけ興味があるとする). プレイヤー2がシカの狩りに参加する確率が n であり, 1人でウサギを狩りに行く確率が $1-n$ であるとする. シカを選んだ場合のプレイヤー1の期待効用は $2n+0(1-n)=2n$ であり, ウサギを選んだ場合は, $1n+1(1-n)=1$ である. したがって, $2n>1$——すなわち, $n>0.5$——であれば, プレイヤー1はシカを選んだ方が良い. しかし, $n<0.5$ であるなら, プレイヤー1はウサギを選んだ方が良い.

それでは, どのように上の確率を解釈するかを考えていこう. 実のところ, この状況では世界ベースの見解も情報ベースの見解も用いることができる. 私たちが考えているのは, (a)自分自身の予想(および/または, 当該のシナリオにおいて入手可能な関連する情報)のもとで, プレイヤーがどうするのが合理的なのかということか, (b)自身が置かれた状況でプレイヤーがどうするのが実際に最善なのかのいずれかだからである.

確率の主観的解釈を用いて, (a)の方から考えてみよう. プレイヤー1は, プレイヤー2がシカを選ぶ確率 n をちょうど 0.4 と考えているとしよう(そして彼女は, プレイヤー2がウサギを選ぶ確率を 0.6 と考えていることにする. このゲームに関する彼女の信念の度合いは, すべて確率の公理を満たすものとする). もし, それでもシカを選ぶ——この状況(あるいは「ゲーム」)で, 自身の利益を最大化することだけに興味をもちながら——のだとしたら, 彼女の行為は不合理であったということになる. 実際, ゲーム理論はこのことを明らかにするものであるとも考えられる——彼女の価値観と個人的な確率に照らして彼女がどうふるまうべきかを明らかにすることを通して.

しかし, 2つ目の方法(b)で考えることもできる. これがどのようになされるかを理解するために, (それがかかえうる問題は無視して)極限における相対頻度説を用いることにしよう. こちらの場合, プレイヤー1が何を考えているかを考慮する必要はない. ここで問題になっているのは, このゲームの繰り返しの無限の系列の中で, どのような戦略をとれば, 彼女が最も勝ちやすくなるのかということだけだからである. n の値が示すのは, プレイヤー2がシカを選択することの極限における相対頻度である. これが 0.5 未満である——そして, これがプレイヤー2がどのように賭けるかに関して私たちがもっている唯一の情報である——なら, プレイヤー1にとって最善の戦略は, 毎回ウサギを選択

することである.

連続するゲームを考えるときに，各試行における結果が独立ではないということを考慮に入れたくなることがある．例えば，最初のゲームで，プレイヤー1はウサギを選択し，プレイヤー2はシカを選択したとする．結果として2回目のゲームでは，プレイヤー2がウサギを選択することで，プレイヤー1を「懲らしめよう」とするかもしれない．はたまた，プレイヤー2は，（その時点から見た）過去にプレイヤー1がシカを何度も選ぶのを見ていたことで，毎回のゲームでシカを選びがちになるかもしれない．以上のようなより複雑な考察は，世界ベースの確率にもとづいて先の事例を考えているときも，考慮に入れることができる．例えば，一連のゲームの特定の試行（プレイヤー1がウサギを選んだ直後のゲームなど）におけるプレイヤー2の選択の極限における相対頻度を考えることもできよう．しかし，ここでは，これ以上深入りしないことにする.

10.4 量子論

物理学をほとんど知らなくても，恐れることはない．物理学は，思ったほど難しくないからだ！ 私は，ここで量子論を深く掘り下げるつもりはない．しかし，量子論が興味深いのは事実だ．なぜなら，そこには確率が組み込まれているからだ．言い換えれば，確率は，量子論の数学の基礎的な部分である．しかし，この数学がどのように解釈されるべきかは別問題である．この点に関しては，物理学者と哲学者のあいだでいまだに多くの対立がある.

議論に集中するため，以下では1つの例だけを扱う．この例は，回折に関するものである．この現象は，波が障害物に出くわしたときに起こる．波は，互いに干渉する．この現象には，お風呂で遊んでいれば，簡単に遭遇することができる．浴槽に適当な物体を投げ入れれば，円状に美しい水面波が現れる．一定の距離を離して，似たような2つの物体を同時に放り込めば，互いにぶつかりあう2つの波が現れる．あるときには，波は弱めあう――つまり，干渉しあった波は互いに，部分的に，あるいは，全体的に打ち消しあう（2つの波の山の高さと谷の深さが同じである場合に，これらの波の山と谷がぶつかると，両

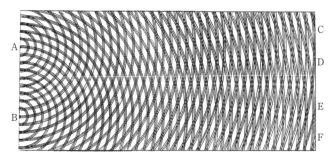

図 10.6　ヤングの干渉実験の図［Wikimedia Commons/Quartar］

者は完全に打ち消しあう）．またあるときには，波は強めあう——すなわち，波の強度が大きくなる（2つの山がぶつかると，1つのより高い山が生じる．そして，2つの谷がぶつかると，1つのより深い谷が生じる）．

　さて，物理学の古典的な実験の1つは，1つの光源から発生し，2つのスリットを通り抜ける光に関するものである．この実験は，トマス・ヤングによって，1803年に初めて行われた．この実験の結果は，干渉縞が生じるというものである．ヤングは，この結果をもって，光が波であるという仮説を支持した（当時，科学者たちは光が波であるのか，粒子であるのかについて議論していた．ヤングは，確証理論の節で言及したポアソンやフレネル，アラゴと同時代を生きた．しかし，今日では後で簡単にふれる理由から，光は波動と粒子の2重性をもつと考えるのが普通である．このことを文字通りにとらえる必要はない．むしろ，光はある状況においては波のようにふるまい，別の状況においては粒子のようにふるまうということさえ受け入れればよい）．ヤング自身が実験で用いた図は，図10.6に示されている．

　図10.6は，波がいかにしてぶつかりあうかをうまく表している．実験の結果として実際に生じる種類の縞は，図10.7に表されている．先に見たような円状の水面波によって同種の縞をつくることも可能である．静かな水面を似たような物体でリズミカルに叩いてみよう．うまくいけば，よどんだ縞が現れるはずだ．明るいところで，十分な水量でやるのがよい．

　光の場合，スリットのある面と平行な平面上の回折の結果は，スクリーンを用いて見ることができる．スクリーンに映し出される光の強度の変化は図10.8に見られる．(a)は，スクリーンにどのような像が現れるかを示している．

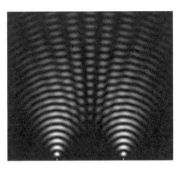

図 10.7　ヤングの干渉実験［Wikimedia Commons/Ffred］

光は中央で最も明るく，外側に行くにつれて暗くなっている．(b)は，光の強度をグラフに表している．これにより，(本の説明としては)光の強度の変化をよりわかりやすく示している．

　要するに，1つの光源から生じた光は，2つのスリットを通過すると干渉縞を生み出すというわけだ．光の強度はさまざまである．そして，平面上で光の強度がどのように変化するかを見る簡単な方法は，スクリーンを用いるということである．

　さて，それでは驚くべき話をしよう．この実験が(普通は私たちが粒子だと考える)電子を用いて繰り返されると，同様の縞が現れるのである．さらに驚くべきことに，電子が1つずつ発射されても，この縞は形成される(電子が衝突する位置は記録することができる)．つまり，それぞれの電子が到達できる場所と，到達できない場所があるということである．しかし，量子論では，個々の電子が正確にどこへ行くのかは予測できない．量子論によってわかるのは，到達できるそれぞれの場所に電子が行く確率だけである．

　それでは，以上のことから，世界について何がわかるだろうか．確率の解釈の話に入っていこう．単称事例の傾向性による考え方と情報ベースの確率による考え方を対比してみよう．前者を用いるなら，非決定論が成立すると結論づけるべきだ．電子の初期状態(すなわち，電子が電子銃から放たれた後の状態)が与えられたときに，それらがどのスリットを通過するのか，あるいは，それらがスクリーンのどこに現れるのかに関する事実は存在しない．ここでの結果は，初期条件と自然法則による制約を受けるものの，それらによって一意に決

(a)

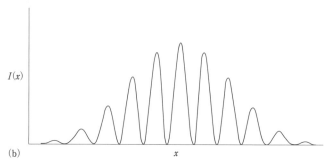
(b)

図10.8 ヤングの干渉実験におけるスクリーン上の光の像と強度

定されることはない(電子がけっして現れない場所があるのだから，そのかぎりで「制約」は受けている).

情報ベースの確率の場合はどうだろうか．この場合，決定論を保持することができるかもしれない．その場合には私たちは，初期状態が与えられたときに，個々の電子がどのスリットを通過するかに関する事実があると考える．さらには，電子がたどる特定の軌道についての事実もあると考える．しかし，十分な正確さをもって電子の初期状態を決定することが，私たちの能力を超えているという理由から，先の事実の決定もまた，私たちの能力を超えているとも考える．そして私たちは，初期条件の小さな(そして測定不能な)違いから結果の大きな違いが生まれるかぎりにおいて，このような電子の干渉実験でもち出される系はカオスであると考えるかもしれない．

どの選択肢が正しいのか迷うかもしれない．しかし，これは大変議論の余地のある問題である(私は大学入学後の数年間の大半をこの問題に頭を悩まして過ごした)．今の私の考えは，単純にわからない，というものである(したがって，たとえ量子論が非決定論を前提するとしても，私は，量子論によって世界が非決定論的であることの証拠が与えられるとは思わない．しかし，量子論を

学ぶときに決定論的な考え方をするのが良いということは信じている．そうすることによって，単称事例の傾向性によって考えるよりも，古典的で素朴な物理学との比較から，量子論がとっつきやすく，また，理解しやすくなる）．もし，あなたが物理学を学んでいて，以上の話をさらに詳しく学びたいと思うなら，クーシング(Cushing 1994)から読み始めるのが良い．おそらく，あなたもボームによる量子力学の(決定論的)解釈が気に入るだろう．

10.5 最終幕

最終章では，科学やその他の学問において，いかに広く確率が利用されているかを示した．同時に，種々の理論において私たちがどのように確率を解釈する(できる)かということが，それらの理論を私たちがどのように理解する(できる)かということと重要な関係をもつことをも示した．ときには，ある理論は，そこに含まれる確率がどのように解釈されるべきか不明瞭であっても，うまくいくと予測されることがある．例えば，量子論が一例である．一方で，それが関わる確率が特定の仕方で解釈されることで，その理論の成功が説明されることもある．こちらの例としては，メンデルの遺伝学があげられよう．さらに別の場合には，確率についての語りをさまざまな仕方で解釈することでその理論がさまざまな仕方で有用になるということもある．このことは，ゲーム理論を検討した際に確認した．

文献案内

確証理論への中級レベルの入門としては，ハッキング(Hacking 2001)を参照してほしい．主観的アプローチを擁護する中級から上級レベルの文献としては，ホーソンとウルバック(Howson and Urbach 2005)があげられる．

ゲーム理論への中級レベルの入門としては，タデリス(Tadelis 2013)を参照してほしい．ゲーム理論における確率解釈のより進んだ議論の興味深い例としては，カーデインとラーキ(Kadane and Larkey 1982)およびハーサニ(Harsanyi 1982)を参照されたい．

メンデルの遺伝学への入門としては，グリフィスら(Griffiths et al. 2000: ch. 2)を参照(メンデルの実験に関する当該の章からの抜粋は，http://www.ncbi. nlm.nih.gov/books/NBK22098/ に見られる)．生物学における確率解釈に関するより詳しい情報(中級から上級レベル)は，進化論に関するミルスタイン(Millstein 2003)より得られる．

量子力学の入門としては，アルバート(Albert 1994)を参照．ボーム版の量子力学への入門としては，クーシング(Cushing 1994)が最もとっつきやすい．バッハらの本(Bach et al. 2013)では，電子の回折に関する近年の実験が，比較的とっつきやすい仕方で提示されている．量子力学における確率については，数多くの研究論文があるが，これらの多くは特定の理論に焦点を合わせており，数個の文献を取り立ててすすめるのが難しい(www.philpapers.org で「probability quantum mechanics」を検索すれば，私の言いたいことがわかるはずだ)．

付録A 確率の公理と法則

2章でも述べたように，確率論は17世紀に打ち立てられ，それ以降，広く用いられた．とくに，確率を支配する重要な法則，すなわち，加法の法則と乗法の法則はよく知られている．だが，確率論は20世紀になるまで，厳密に公理化されなかった．

最初の公理系は，アンドレイ・コルモゴロフという数学者によって1933年に提示された．これは最も有名な公理系である．だが，代替案も多くある．ここでは，それらの1つを用いることにする．というのも，コルモゴロフの公理群は，乗法の法則，あるいは，条件つき確率に関する言明を含まないからである(条件つき確率の完全な説明に関しては，3章を見てほしい)．コルモゴロフは条件つき確率を定義するのに，(条件つきでない確率のみに関する)自身の公理を用いている．しかし，これは条件つき確率についての語りが，本当は条件つきでない確率についてのものであるということを前提する．私は，3，4章で扱われた情報ベースの解釈(この解釈のもとでは，命題あるいは信念間の関係が中心的に扱われる)，および，7，8章で扱われた世界ベースの解釈(この解釈のもとでは，性質と集まり，あるいは，結果と再現可能な条件の関係が中心的に扱われた)と一致するよう，条件つき確率を基礎的なものとして扱う方を好む．

以下の公理は，デフィネッティが好み，ギリースがその著書(Gillies 2000: ch. 4)で用いたものである．しかし，主な違いは，彼らが，確率は命題ではなく出来事に関するものであるということを仮定しなかった点にある．

1. 任意の出来事(あるいは命題)E について

   $0 \leq P(E) \leq 1$

2. Ωが確実な出来事(あるいは命題)であるとき

   $P(\Omega) = 1$

3. $E_1, ..., E_n$が相互に排他的で，全体として網羅的な出来事（あるいは命題）であるとき

   $P(E_1) + ... + P(E_n) = 1$

4. EとFが任意の出来事（あるいは命題）であるとき

   $P(E \& F) = P(E, F)P(F)$

3つ目の公理に現れる「相互に排他的」と「全体として網羅的」という表現は説明を要する．2つ（あるいはそれ以上）の出来事が相互に排他的であるならば，そのうちの1つだけが起こりうる．同様に，2つ（あるいはそれ以上）の命題が相互に排他的であるならば，そのうちの1つだけが真でありうる．一方で，そのうちの少なくとも1つが必ず起こるならば，2つ（あるいはそれ以上）の出来事は全体として網羅的である．そして，そのうちの少なくとも1つが必ず真であるとき，2つ（あるいはそれ以上）の命題は全体として網羅的である．それゆえ，「イングランドは，1966年のワールドカップで優勝した」と「イングランドは，1966年のワールドカップで優勝しなかった」は，相互に排他的で，全体として網羅的であるような2つの出来事の例である．そして，「1+1＝2」と「1+1≠2」は，相互に排他的で，全体として網羅的であるような2つの命題（これらは出来事を表さない）の例である．

　公理3は，加法の法則である．ギリース（Gillies 2000: 59-60）で示されている通り，この公理は次のように表すこともできる．

　　EとFが任意の相互に排他的な出来事（あるいは命題）であるとき

　　$P(E \text{ or } F) = P(E) + P(F)$

加法の法則には，より一般的な形式もある．こちらは，EとFが相互に排他的でないときも当てはまる．

　　EとFが任意の出来事（あるいは命題）であるとき

　　$P(E \text{ or } F) = P(E) + P(F) - P(E \& F)$

公理4は乗法の法則である．この法則は，EとFが独立した出来事（あるいは命題）であるとき，以下のような特殊な形式をもつ．

付録 A 確率の公理と法則

E と F が任意の独立した出来事(あるいは命題)であるとき

$$\mathrm{P}(E \,\&\, F) = \mathrm{P}(E)\mathrm{P}(F)$$

E が起こるかどうかが F が起こるかどうかと無関係であり,逆も同様である
ならば,E と F は独立した出来事である.E が真であることが F が真である
ことと無関係であり,逆も同様であるならば,E と F は独立した命題である.
独立した出来事の例としては,「あなたは明日の朝赤いズボンをはく」と「私
は今日の昼食にパスタを食べる」がある(コイントスの結果もまた,通常,独
立した出来事と見なされる).独立した命題の例としては,「2×2＝4」と「パ
リはフランスの首都である」があげられる.

付録 B　ベイズの定理

　ベイズの定理は，確率の公理の帰結である．この定理は，私たちの信念の時間を通じた変化に加え，これと関連して，科学において理論がどのように確証されるのかについての説明を構築するために用いられてきた.

　ある仮説 h と証拠 e について議論をしているとしよう．日常生活では，「明日，香港で雨が降る」や「今日，香港で雨が降った」などが，それぞれ h と e の例になるだろう．また，科学においては，h の例としては相対性理論が，e の例としては「飛行機に乗って世界を回る原子時計は，同一の期間で，地上に置かれた時計よりも遅れる」などがあげられるだろう.

　ベイズの定理は，このような任意の h と e について，次のように表すことができる.

$$P(h|e) = \frac{P(h)P(e|h)}{P(e)}$$

$P(h|e)$ は，h の事後確率である．これは，e が存在するとき（すなわち，e が真であることを前提したとき）の h の確率である.

$P(h)$ は，h の事前確率である．これは，e が存在しないとき（例えば，e が発見されていないか，あるいは，検討すらされていないとき）の h の確率である.

$P(e|h)$ は，h に対する e の尤度である．これは，h が真であると前提したときの e の確率である．これは，h がどの程度 e を予測するかを測る.

最後に，$P(e)$ は e の周辺尤度である．これは，h を前提しないとき（すなわち，h が真であるかどうかが無関係であるとき）の e の確率である.

　ベイズの定理がどのように役立つかを見るために，単純なシナリオを考えてみよう.

付録 B　ベイズの定理

　あなたは，クイズ番組に出演している．そこで，2 つのカバン A と B の中身を見せられる．A の中には 3 羽の黒いウサギがいる．B の中には 2 羽の黒いウサギと 1 羽の白いウサギがいる．そして，あなたが中身を見られないように，これらのカバンは閉じられる．

　次に，2 つのカバンがシャッフルされ，ランダムに一方が選ばれる．番組の司会者はそのカバンから 2 羽のウサギを取り出し，スタジオ内に放す．2 羽とも黒いウサギだ！　そしてお待ちかねのクイズである．「このカバンの最後のウサギは黒？　イエスかノーか？」この問題に正解したら，あなたは 100 万ドルを手にするのだ！　あなたはどうするべきだろうか．

　正しい答えが，司会者がどちらのカバンを選んだかに依存するということをあなたは知っている．これがカバン A であるなら，答えは「イエス」だ．そして，それが B であるなら，答えは「ノー」だ．だが，彼はどちらのカバンを選んだのだろうか．h を「選ばれたカバンは A である」とし，e を「2 羽のウサギが取り出された」とすると，あなたが $P(h|e)$ の値を知っているなら，これは役に立つはずだ．しかし，この値の見当をつけるのはとても難しい．

　ここで，ベイズの定理に入っていこう．この定理は，$P(h|e)$ を計算するうまい方法を提供してくれる．実際に計算してみよう．

(1) A と B のあいだの選択はランダムである．したがって，司会者は A と B を同程度に取りそうである．したがって，$P(h)=1/2$ である．

(2) $P(h|e)$ は，カバン A が選択されたときに，ランダムに，2 匹の黒いウサギが取り出される確率である．ここで，A の中には黒いウサギしかいないので，A からは常に黒いウサギが取り出されると結論づけられる．それゆえ，$P(e|h)=1$ である．

ここまではよい．$P(h|e)$ を求めるためには，ベイズの定理の右辺にあと 1 つの値，すなわち $P(e)$ を入れればよい．しかし，$P(e)$ はどのような値をとるのだろうか．

　ここで，確率の公理から導かれる以下の帰結を覚えておくとよい．

185

$$P(e) = P(h)P(e|h) + P(\neg h)P(e|\neg h)$$

したがって，ベイズの定理は次のように書くことができる．

$$P(h|e) = \frac{P(h)P(e|h)}{P(h)P(e|h) + P(\neg h)P(e|\neg h)}$$

あとは，簡単に進めることができる．

(3) $P(h)P(e|h)$ は，(1)と(2)の結果から計算することができる．
$$P(h)P(e|h) = \frac{1}{2} \times 1 = \frac{1}{2}$$

(4) A が選択されなかったのなら，B が選択されたのでなければならない．したがって，$\neg h$ は，実質的に，カバン B が選択されたという仮説である．そして，(1)で述べた通り，A か B かの選択はランダムである．したがって，$P(\neg h) = 1/2$ である．

(5) $P(e|\neg h)$ は，カバン B が選択されたときに，ランダムに，2 匹の黒いウサギが取り出される確率である．これは，(2/3 のウサギが黒いときに)1 度目に黒いウサギが取り出される確率に，(1/2 のウサギが黒いときに)2 度目に黒いウサギが取り出される確率を掛けた確率である．それゆえ，
$$P(e|\neg h) = \frac{2}{3} \times \frac{1}{2} = \frac{1}{3}$$

である．
必要な情報は出そろった．

$$P(h|e) = \frac{\dfrac{1}{2}}{\dfrac{1}{2} + \dfrac{1}{2} \times \dfrac{1}{3}} = \frac{\dfrac{1}{2}}{\dfrac{1}{2} + \dfrac{1}{6}} = \frac{3}{4}$$

白いウサギよりも黒いウサギに期待するのは正しい！ いまや，100 万ドルはあなたの目の前だ…．

参考文献

Achinstein, P. 1995. 'Are Empirical Evidence Claims A Priori?', *British Journal for the Philosophy of Science* 46, 447-473.

Albert, D. Z. 1994. *Quantum Mechanics and Experience*. Harvard: Harvard University Press. 〔『量子力学の基本原理：なぜ常識と相容れないのか』, 高橋真理子(訳), 日本評論社, 1997 年〕

Bach, R., D. Pope, S.-H. Liou, and H. Batelaan. 2013. 'Controlled Double-Slit Electron Diffraction', *New Journal of Physics* 15, 033018.(doi: 10. 1088/1367-2630/15/3/033018)

Bertrand, J. 1888. *Calcul des Probabilités*. Paris: Gauthier-Villars.

Bridgman, P. 1927. *The Logic of Modern Physics*. New York: MacMillan.

Carnap, R. 1950. *Logical Foundations of Probability*. Chicago: University of Chicago Press.

Childers, T. 2013. *Philosophy and Probability*. Oxford: Oxford University Press.

Cushing, J. 1994. *Quantum Mechanics: Historical Contingency and the Copenhagen Hegemony*. Chicago: University of Chicago Press.

Daston, L. 1988. *Classical Probability in the Enlightenment*. Princeton: Princeton University Press.

David, F. N. 1962. *Games, Gods, and Gambling: The Origins and History of Probability and Statistical Ideas from the Earliest Times to the Newtonian Era*. New York: Hafner Press. 〔『確率論の歴史：遊びから科学へ』, 安藤洋美訳, 海鳴社, 1975 年〕

De Finetti, B. 1937. 'Foresight: Its Logical Laws, Its Subjective Sources', in H. E. Kyburg and H. E. Smokler(eds), *Studies in Subjective Probability*. New York: Wiley, pp. 93-158.

De Finetti, B. 1990. *Theory of Probability, Vol. I*. New York: Wiley.

Eagle, A.(ed.)2011. *Philosophy of Probability: Contemporary Readings*. London: Routledge.

Eagle, A. 2004. 'Twenty-One Arguments against Propensity Analyses of Probability', *Erkenntnis* 60, 371-416.

Eriksson, L. and A. Hájek. 2007. 'What are Degrees of Belief?', *Studia Logica* 86, 183-213.

Fetzer, J. H. 1981. *Scientific Knowledge: Causation, Explanation, and Corroboration*. Dordrecht: D. Reidel.

Fetzer, J. H. 1982. 'Probabilistic Explanations', *PSA: Proceedings of the Biennial Meeting of the Philosophy of Science Association* 1982, 194-207.

Fetzer, J. H. 1988. 'Probabilistic Metaphysics', in J. H. Fetzer(ed.), *Probability and Causality*. Dordrecht: D. Reidel, pp. 109-132.

Fiedler, K. 1988. 'The Dependence of the Conjunction Fallacy on Subtle Linguistic Factors', *Psychological Research* 50, 123-129.

Gillies, D. 1991. 'Intersubjective Probability and Confirmation Theory', *British Journal for the Philosophy of Science* 42, 513-533.

Gillies, D. 2000. *Philosophical Theories of Probability*. London: Routledge.〔『確率の哲学理論』, 中山智香子(訳), 日本経済評論社, 2004 年〕

Griffiths, A. J. F., J. H. Miller, D. T. Suzuki, R. C. Lewontin, and W. M. Gelbart. 2000. *An Introduction to Genetic Analysis*. New York: W. H. Freeman.

Hacking, I. 1975. *The Emergence of Probability: A Philosophical Study of Early Ideas about Probability, Induction and Statistical Inference*. Cambridge: Cambridge University Press.

〔『確率の出現』, 広田すみれ・森元良太(訳), 慶應義塾大学出版会, 2013年〕

Hacking, I. 1987. 'The Inverse Gambler's Fallacy: The Argument from Design. The Anthropic Principle Applied to Wheeler Universes', *Mind* 96, 331-340.

Hacking, I. 2001. *An Introduction to Probability and Inductive Logic*. Cambridge: Cambridge University Press.

Hájek, A. 1997. '"Mises Redux"-Redux: Fifteen Arguments Against Finite Frequentism', *Erkenntnis* 45, 209-227.

Hájek, A. 2009. 'Fifteen Arguments Against Hypothetical Frequentism', *Erkenntnis* 70, 211-235.

Handfield, T. 2012. *A Philosophical Guide to Chance: Physical Probability*. Cambridge: Cambridge University Press.

Harsanyi, J. C. 1982. 'Subjective Probability and the Theory of Games: Comments on Kadane and Larkey's Paper', *Management Science* 28, 120-124.

Howson, C. and P. Urbach. 2005. *Scientific Reasoning: The Bayesian Approach*. La Salle: Open Court.

Humphreys, P. 1985. 'Why Propensities Cannot Be Probabilities', *The Philosophical Review* 94, 557-570.

Humphreys, P. 1989. *The Chances of Explanation: Causal Explanation in the Social, Medical and Physical Sciences*. Princeton: Princeton University Press.

Jaynes, E. T. 1957. 'Information Theory and Statistical Mechanics', *Physical Review* 106, 620-630.

Jaynes, E. T. 2003. *Probability Theory: The Logic of Science*. Cambridge: Cambridge University Press.

Jeffrey, R. 2004. *Subjective Probability: The Real Thing*. Cambridge: Cambridge University Press.

Kadane, J. B. and P. D. Larkey. 1982. 'Subjective Probability and the Theory of Games', *Management Science* 28, 113-120.

Kalinowski, P., F. Fidler, and G. Cumming. 2008. 'Overcoming the Inverse Probability Fallacy: A Comparison of Two Teaching Interventions', *Methodology* 4, 152-158.

Keynes, J. M. 1921. *A Treatise on Probability*. London: Macmillan.〔『ケインズ全集 第8巻「確率論」』, 佐藤隆三(訳), 東洋経済新報社, 2010年〕

Koehler, J. 1996. 'The Base Rate Fallacy Reconsidered: Descriptive, Normative, and Methodological Challenges', *Behavioral and Brain Sciences* 19, 1-53.

Kyburg, H. E. 1970. *Probability and Inductive Logic*. London: Macmillan.

Laplace, P.-S. 1814 (English edition 1951). *A Philosophical Essay on Probabilities*. New York: Dover Publications Inc.〔『確率の哲学的試論』, 内井惣七(訳), 岩波書店, 1997年〕

Mikkelson, J. 2004. 'Dissolving the Wine/Water Paradox', *British Journal for the Philosophy of Science* 55, 137-145.

Miller, D. W. 1994. *Critical Rationalism: A Restatement and Defence*. La Salle: Open Court.

Millstein, R. L. 2003. 'Interpretations of Probability in Evolutionary Theory', *Philosophy of Science* 70, 1317-1328.

Popper, K. R. 1957. 'The Propensity Interpretation of the Calculus of Probability, and the Quantum Theory', in S. Körner (ed.), *Observation and Interpretation: A Symposium of Philosophers and Physicists*. London: Butterworths, pp. 65-70 and 88-89.

Popper, K. R. 1959a. 'The Propensity Interpretation of Probability', *British Journal for the Philosophy of Science* 10, 25-42.

Popper, K. R. 1959b. *The Logic of Scientific Discovery*. New York: Basic Books.〔『科学的発見の論理』上下，大内義一・森博（訳），恒星社厚生閣，1971, 72 年〕

Popper, K. R. 1967. 'Quantum Mechanics without "The Observer"', in M. Bunge (ed.), *Quantum Theory and Reality*. New York: Springer, pp. 7-44.

Popper, K. R. 1983. *Realism and the Aim of Science*. London: Routledge.〔『実在論と科学の目的』上下，小河原誠・蔭山泰之・篠崎研二（訳），岩波書店，2002 年〕

Popper, K. R. 1990. *A World of Propensities*. Bristol: Thoemmes.〔『確定性の世界』，田島裕（訳），信山社，1998 年〕

Ramsey, F. P. 1926. 'Truth and Probability', in F. P. Ramsey, *The Foundations of Mathematics and other Logical Essays*, ed. R. B. Braithwaite. London: Kegan Paul, Trench, Trübner & Co., 1931, pp. 156-198.〔「真理と確率」，『ラムジー哲学論文集』，伊藤邦武・橋本康二（訳），勁草書房，1996 年所収〕

Reinhart, A. 2015. *Statistics Done Wrong: The Woefully Complete Guide*. San Francisco, CA: No Starch Press.〔『ダメな統計学：悲惨なほど完全なる手引書』，西原史暁（訳），勁草書房，2017 年〕

Rowbottom, D. P. 2008. 'On the Proximity of the Logical and "Objective Bayesian" Interpretations of Probability', *Erkenntnis* 69, 335-349.

Rowbottom, D. P. 2013a. 'Empirical Evidence Claims Are A Priori', *Synthese* 19, 2821-2834.

Rowbottom, D. P. 2013b. 'Group Level Interpretations of Probability: New Directions', *Pacific Philosophical Quarterly* 94, 188-203.

Selvin, S. 1975. 'On the Monty Hall Problem', *American Statistician* 29, 134.

Suárez, M. 2013. 'Propensities and Pragmatism', *Journal of Philosophy* CX, 61-92.

Tadelis, S. 2013. *Game Theory: An Introduction*. Princeton: Princeton University Press.

Tversky, A. and D. Kahneman. 1982. 'Judgments of and by Representativeness', in D. Kahneman, P. Slovic, and A. Tversky (eds), *Judgment Under Uncertainty: Heuristics and Biases*. Cambridge: Cambridge University Press, pp. 84-98.

Tversky, A. and D. Kahneman. 1983. 'Extensional Versus Intuitive Reasoning: The Conjunction Fallacy in Probability Judgment', *Psychological Review* 90, 293-315.

von Mises, R. 1928/1968. *Probability, Statistics and Truth*. 2nd ed. London: Allen and Unwin.

vos Savant, M. 2014. 'Game Show Problem', http://marilynvossavant.com/game-show-problem/

Williamson, J. 2010. *In Defence of Objective Bayesianism*. Oxford: Oxford University Press.

日本語参考文献

　ここでは，本書の内容の補足ないしは発展的内容につながるような日本語文献を紹介したい．日本語で読める確率の哲学に関する文献は，それほど多くはないが，以下の4冊を参照すれば，この分野に関する知見——確率の哲学だけでなく，確率の数学的側面と歴史についても——を相当程度まで深められること請け合いである．

1)　D.ギリース『確率の哲学理論』，中山智香子(訳)，日本経済評論社，2004年

　現代の確率の哲学における中心的存在の1人であるドナルド・ギリースが執筆した入門書である．扱われているトピックが本書と近く，より高度な内容にも触れているため，本書を読了された方が次に手にとる1冊として最適な選択肢である．

2)　F.P.ラムジー『ラムジー哲学論文集』，伊藤邦武・橋本康二(訳)，勁草書房，1996年

　この論文集に収録されている「真理と確率」は，確率の主観的解釈の最重要文献の1つである．この論文でラムジーは，価値と信念の度合いにもとづいた人間の行動選択の説明モデルを構築し，この体系における数値化された信念の度合いが確率の法則を満たすことを証明している．個々の議論がよく動機づけられた仕方で，非常にエレガントに提示されており，確率の哲学の一立場が確立される過程をリアリティをもって体感することができる．

3)　A.N.コルモゴロフ『確率論の基礎概念』，坂本實(訳)，筑摩書房，2010年

　現代的な確率論の数学的基礎を打ち立てた著者による記念碑的著作である．この本では，公理的確率論が簡潔明瞭な仕方で導入されている．本書でわかりやすさのために犠牲にされた確率の数学的側面を補うのにうってつけな1冊であると言える．同時に収録されているA.N.シリャーエフによる「確率論の成立史」も，数学の一分野としての確率論の歴史を知るうえで，とても有用である．

4)　Prakash Gorroochurn『確率は迷う——道標となった古典的な33の問題』，野間口謙太郎(訳)，共立出版，2018年

　タイトルの通り，多くの確率のパズルやパラドックスとその数学的な解説が紹介されている．本書でも扱われた，賭け金の分配の問題や水とワインのパラドックス，モンティホール問題なども紹介されている．興味深いのは，各問題に付された，歴史的背景の補足を含む考察の部分である．それぞれの問題が時系列にしたがって配置されているこ

とも相まって，興味深い確率の問題を軸に，確率理論の応用方法だけでなく，その発展
の歴史も学ぶことができる．

　以上に加えて，本書の参考文献表では，日本語訳のある文献に邦訳情報を付してある．
必要(と興味)に応じて，それらも参照されたい．

解　説

確率のリアリティ
●
一ノ瀬正樹

生活の基本だけれど分からない

　「確率」は不思議である．まず，物のように直接見ることはできない．天気
予報で，今日のお天気は 90% の確率で晴れです，と言われて，その朝に快晴
の空を眺めても，「90% の確率で晴れ」は確認することはできない．天気予報
が当たったと捉えても，それが「90%」なのかは判定できないし，逆に，朝に
曇り空で雨粒がポトポト落ちているのを見ても，「90% の確率で晴れ」という
天気予報が間違っていたとも確言はできない．「90% の確率で晴れ」というこ
とは，「10% の確率で晴れではない」ということを意味するのであり，雨粒が
落ちてきているということは，その「10%」の予報が当たったとも捉えられる
からである．なんともやっかいである．あるいは，確率「的」な数値が使われ
る場合，たとえば，野球の打率がそれに当たるように思われるが，打率「3 割
3 分」のバッターがいたなら，なんとなしに，1 試合で 3 回打順が回ってくれ
ば，1 回はヒットを打つだろうと私たちは期待してしまう．けれども，むろん，
そんなことが成り立つはずもない．無安打が続くことも十分にある．打率はあ
くまで過去の打数と安打数にもとづく統計データであって，厳密には，確率と
同じではない．

　問題は，確率とはそもそも何であり，確率値として割り振られる数値はどの
ように導かれるのか，という問いである．私たちは，日常的に，「確率」とい
う言葉に対する直観的な理解をもっているといえるが，面と向かって，それで
は確率とは何ですか，と問われるとおそらく答えに窮してしまう．せいぜい，
統計的な割合のことでしょうとか，数学の一分野でしょう，とかぐらいが常識
的な理解内容なのではなかろうか．けれども，たとえぼんやりとしかその意味
を捉えていないにしても，私たちは暗黙のうちに確率に依拠して，確率を信頼
して生きている．いや，むしろ確率に全面的に頼って生活を成り立たせている

とさえ言ってもよい.

　確率が大きな問題となる例のひとつとして,「いのち」に関わる場面がある. 治療薬が処方される際や, 手術などの医療行為について選択しなければならないときに, 今日ではしばしば, インフォームド・コンセントといって, 医師が選択肢を示して患者本人が選ぶということが多くなってきている. がん患者など, 年齢や進行の程度にもよるが, 患者みずからが, 何もしないというやり方を選ぶことさえある. そうした場合, 治療薬の効果率とか, 手術や放射線治療による病気の回復率とかという数値が判断基準として掲げられる. 厳密な数値でなく, もっとカジュアルに「ほとんどの人に効果があります」とか,「効く人は多くはないけど, 人によってはうまくいくので試してみましょう」とか,「放射線治療は手術と同程度の効果があって, しかも体の負担が少ないです」とかという表現で, 量的な評価が語られることもあるだろう. このとき間違いなく, 医師と患者は「確率」と対面し, それにこそもとづいて指針を決定しようとしているのである.

　むろん, 人間の行う医療に絶対はなく, まして「いのち」に絶対などあろうはずもない. おそらく, 厳密に考えれば「絶対的な健康」なるものも単なる空虚な理想でしかない. 比較的に「よい人生」, 比較的に「よい健康状態」を求めているのであり, そして, その点でたしかに医療は私たちの生活の質を高めていると言える. いずれにせよ, 私たちは, 確率によって語るしかない, 度合いの多少の振幅の中で日々暮らしているのである.

　交通手段や道路などのインフラ, あるいは電化製品などのさまざまな生活器具の場合も同様である. 私たちは, そうしたハードウェアに「いのち」を預けて暮らしている. 言い方を換えれば, 医療の場合と同様に, そうしたものによって「いのち」の質を高めている. 便利で豊かな生活を支えてもらっているわけだ. けれども, 便利であっても, 危険では困る. 車のエンジンに不備があり, 炎上してしまう可能性があれば, 自動車会社はリコールをしなければならない. 道路やトンネルなど, 頻繁な保守点検が義務づけられていて, にもかかわらず事故が発生した場合, 責任が問われる. 明らかなことだが, ここでも「確率」が肝心要の判断基準になっているのである.

　インフラや生活器具など, 冷静に考えれば当たり前なのだが, 医療と同様,

解説　確率のリアリティ

完全に安全，ゼロリスク，というものはない．できるだけリスクを低く抑える，ということで対処するしかない．実際，リスクというのは消去不能であり，1つのリスクを減らすと，それを減らす行為そのものによって別のリスクが発生するという，「リスク・トレードオフ」と呼ばれる現象を内在させている．皮膚がんを避けるため紫外線を徹底的に避けると，今度は日光浴によって体内に発生するビタミンＤが減少してカルシウム吸収が悪くなり，大腸がん罹患の危険が増す．比較して総合的に見ること，それがどうしても求められる．そして「リスク」とは，一般に「害×確率」として数値化される．私たちは，たとえ明確な自覚がないとしても，実際には，根本的かつ徹底的に「確率」に依存した生活をしているのである．

　要するに，こうである．私たちは「確率」なしではほとんどのことが判断できない．「確率」は，生々しく，リアリティあふれる概念なのである．けれども，「確率」が何であるか，よく分からない．これは困ったことである．結果として，「確率」絡みの間違いをしばしば犯してしまい，それが痛恨の事態の要因になってしまったりするわけなのだ．健診などでの「陽性」の結果を，「事前確率」という概念なしにそのまま受け取ってしまって，過剰な心配を抱き，精神的にまいってしまうなどは，そうした被害性の典型例であろう（本書151-153頁参照）．かくして，「確率」について思考し，理解を深めていく必要性は，間違いなくある．

２つの確率？

　本書は驚くべき書物である．21世紀現在の知見を踏まえて，「確率の哲学」についてコンパクトに，しかし決してレベルを落とさない仕方で解説している本を私は他に知らない．哲学の視点から「確率」に関心を抱いている方々（日本では海外に比してそうした方々の数は多くない）は言うまでもなく，数学の観点から，あるいは統計学の観点から「確率」について研究している方々にもぜひ手に取ってもらいたい．ラフに言えば，数学での「確率」の扱いは，確率の数値が何らかすでにあてがわれていることを前提しているし，統計学での「確率」は（ベイズ統計は別にして）往々にして頻度を確率と捉えてしまう傾向があるように思われる．けれども，本書がまさしく示しているように，確率に

ついて理解するには，どのようにしてその値があてがわれるのかを論じる必要
があるし，頻度と確率は同じなのかについて深く掘り下げて考える必要がある．
確率についての哲学的思考は，やはり一度は通っておく必要があるものなので
ある．

　著者ロウボトムはイギリス出身の哲学者で，現在は香港の嶺南大学哲学研究
室教授である[*1]．物理学から出発して，哲学に転向した．本書でロウボトムは，
確率とは何かについて，大きく2つのアプローチを区別する．「情報ベース」
のアプローチと「世界ベース」のアプローチの2つである．分かりやすく言う
と，「情報ベース」の確率とは私たちの心理的理解としての「確率」であり，
「世界ベース」の確率とは実在世界の性質としての「確率」のことである．こ
の区分は，これまでもいろいろな仕方で表現されてきた．「情報ベース」の確
率は「主観確率」とか「認識的確率」とかと呼ばれたり，「世界ベース」の確
率は「客観確率」とか「物理的確率」とかと呼ばれてきた．このうち，主観／
客観の対比によって区分するのは(便宜上は別にして厳密には)いまは避けた方
がよいかもしれない．なぜなら，「客観的ベイズ主義」という現在有力な確率
解釈があるが，それは「情報ベース」の，つまりかつて「主観確率」と呼ばれ
ていた確率理解の1つであるので，もし主観／客観という対比を使うと，主観
確率の中に「客観的ベイズ主義」が位置づけられることになり，混乱を生じさ
せてしまいうるからである．

　2つの確率を区分するのは，実際上，確率の哲学のお作法と言ってよいくら
い，標準的な論立てである．実際，区分としては分かりやすい．ただ，虚心坦
懐に述べるならば，この区分は明らかに，心と物，という常識的な区別に根ざ
しており，そうすると，哲学がこれまで侃々諤々と議論を積み重ねてきた歴史
がばっさりと切り捨てられてしまうように私には感じられる．たとえば，バー
クリ的な観念論とか，カントのアプリオリズムとか，そうした古典的な議論は，
「心と物」といった単純な区別に対して，当然ありうる疑問を投げかけ，私た
ちの考え方を洗練させてきたわけである．それを素通りして，「情報」と「世
界」という2つの区分に全面的にもとづいて果たしてよいのだろうか．私自身
もこの2区分に寄せて確率についてこれまで論じてきたのだが，やはり，もや
もや感は残り続けてきた．

196

ロウボトムは，「情報」と「世界」という2つのアプローチを最初に提示した上で，12頁にあるように，「情報ベース」のカテゴリーに，「古典的解釈，論理的解釈，主観的解釈，客観的ベイズ主義解釈，集団レベルの解釈」を分類し，「世界ベース」のカテゴリーに「頻度解釈，傾向性解釈」を分類している（それぞれの解釈の意味については，本文を読んでほしい．ダイアログを交え，伝わりやすさに工夫がなされている議論なので，ゆっくり段階を追って納得しながら読み進めれば，少なくともその核心は十分に理解できるはずである）．

　こうした多種の確率解釈に関して，ロウボトムは，どれか唯一の正しい確率解釈があるとする一元論の立場と，文脈に応じてどれが正しい確率解釈かを探るという意味での多元論的な立場との2つの観点を提示し，基本的に，後者の意味での多元論の立場を展開している（9頁参照）．ただ，ロウボトムの論調からは，「客観的ベイズ主義」にやや好意的であり，そしてそれ以上に，彼の師の一人でもあるギリースが提唱する「長期的傾向性説」にやや肩入れしているという印象を多くの読者が抱くのではなかろうか．

　ロウボトムの議論で特徴的なのは，確率をめぐるさまざまなパラドックスやパズルに関する議論である．私のもともとの理解では，確率解釈についての議論と，確率をめぐるパズルとはほぼ独立で，確率をめぐるパズルは，確率解釈の如何にかかわらず，確率の値がすでにあてがわれているという前提で提起されている，というものであった．けれども，ロウボトムは，確率をめぐるパラドックスやパズルは，確率解釈の多様に対応づけて，どの解釈を採用してそれらのパズルを捉えるか，という観点から解明を図るべきものである，とする論点を打ち出している．これは，なかなかにうまい論の立て方である．

　それにしても，先に述べたように，この2区分は，実のところ，あまりに素朴な「心と物」という常識的な区別にもとづいており，もし「情報」と「世界」という2区分が本質的な区別基準として関わっているならば，たぶん，どこかで，いつか見たはずと思えるような根源的な問題に突き当たるのは必定であろう．とはいえ，もちろん，「情報」と「世界」という2区分が，さしあたり理解を容易にするための便宜的な区分であるなら，それほど深刻な問題はない．ロウボトムの描き出す確率解釈の諸相も，そのようであると読めなくはない．

確率の実相

　実際，本書には，そうした予想される困難を回避できるような発想も示されている．それは，たとえば，「客観的ベイズ主義」についての説明に現れる．

　「客観的ベイズ主義」とは，文字通り，「ベイズ主義」を客観化したものである．「ベイズ主義」とは，「情報ベース」の心理的な「信念の度合い」を基礎とするいわゆる「主観的解釈」の代表であり，それは「信念の度合い」に「ベイズの定理」を適用した解釈で，心理的・主観的な信念を土台としながらも，合理性を保持した理解を導く．

　この「ベイズ主義」に対して，「客観的ベイズ主義」とは，「補正」と「曖昧化」という制限を付加した解釈である．「補正」とは，「合理的な信念の度合いは，他のいかなる関連情報にもまた，敏感であるべきである．とくに，観察された(関連する)出来事の頻度，すなわち，世界ベースの確率についての証拠に敏感であるべきである」(本書 73 頁)という制限である．明らかに，「情報ベース」の「信念の度合い」と「世界ベース」の「頻度」とが結びつけられている．つまり，「情報」と「世界」とは，決して背反した相互に排他的なものではないのである．

　このことは，実は，シンプルな「ベイズ主義」でもすでに見込まれていたことでもある．「ベイズ主義」は「信念の度合い」にもとづく確率解釈だが，「世界」の中で発生する出来事を新しい「証拠」と捉えて，それにもとづいて「ベイズの定理」を適用し，新しい事後確率を導いていくべきだ，という考え方である．いわゆる，ベイズ的な「アップデート」である．すなわち，「ベイズ主義」それ自体，「客観的ベイズ主義」のような「頻度」ではないにしても，「証拠」という「世界」のあり方に依拠した見方なのである．実際のところ，こうした「情報ベース」と「世界ベース」の交錯は，すでに哲学者たちが注目し，論及を深めているポイントである．

　ここでは，デイヴィッド・ルイスの議論に一言触れておこう．ルイスの代表的な論文の 1 つ「客観的チャンスに向かう主観説者のガイド」において，ルイスは，「信念の度合い」を「信憑性」(credence)と表し，客観的確率を「チャンス」(chance)と表す．この場合の「チャンス」は，本書で言うところの「傾向性」とほぼ同義と考えてよい．この 2 つの確率の関係に関して，ルイスは「主

198

要原理」(the Principal Principle)という考え方を提起する. やや面倒だが, テキストに即して正確に述べると, C を当初の信憑性とし, A を主題となる出来事を述べた命題とし, t を任意の時間とし, x を確率として振る 0 から 1 までの値とし, X を「時間 t における A が成立するチャンスは x に等しいという命題」とし, E を「t において起こることが可能だと認められる任意の命題で X と両立可能な命題」とすると, 次のことが成り立つ(Lewis 1986, p. 87).

$$C(A/XE) = x$$

要するに, 任意の命題で表された事態・出来事について, それが発生する客観的確率が x であるならば, それについての信憑性もまた x である, とする原理である. これは, 「情報ベース」の確率と, 「世界ベース」の確率とを, ダイレクトに結びつける考え方である. ルイスは, 私たちの主観的な「信念の度合い」がどうあるべきかを考えていくと, 「チャンス」と合致しているのでなければならない, ということが直観的に導かれるのであり, 「主要原理」はそれを定式化したものだというのである.

このルイスの「主要原理」には, 公表後にいくつかの反論が寄せられた.「チャンス」の値について, 時間 t 以後の未来についての可能性が包含されていると, 不整合が発生する可能性を指摘する反論などである[*2]. ルイスはこれを受けて, 「主要原理」の改訂を試みることになった. けれども, 「信憑性」と「チャンス」を結びつけるという基本的な発想は堅持しようとしたのである.

こうした 2 つの確率の連関は, ごく素朴に考えても, 十分に理解可能である. 晴れの確率 95% と思っていても, 向こうの空に積乱雲があることが確認されれば, 当然変更される. というより, 変更されねばならないと言うべきだろう. また, この治療法はあまり成功しないと思っていても, 成功が頻繁に繰り返されれば, その思いは変わっていくのが自然であろう. いや, やはり, 変わらなければならないのである.

あるいは, 逆の方向からも 2 つの確率が連関していることは, やや違った角度からだが, 確認できるかもしれない. 「世界ベース」の客観的な確率, すなわち「頻度」や「傾向性」とて, それが確率「解釈」である以上, 私たちの「思い」や「信念」としてしか成立しない. そもそも確率は目で見たりしてそ

れとして確認できるものではない．ならば，なにか概念的なものを基盤として立ち現れてくるしかない．傾向性解釈を最初に提示したポパーは，本書にも紹介されているように，「確率は実験装置に依存することがわかるので，この実験装置の性質と見なしうる」（本書135頁に引用されている）と考えていた．そうだとすれば，当然，実験装置とは何か，という問いが出てくる．この板は，このシャーレは，このピンセットは，果たして実験装置に含まれるのか，といった類いの疑問である．これらを決着させるには，概念的な，つまりは「思い」や「信念」のレベルでの明確化が介入せざるをえないのである．

　その他，ロウボトムの叙述から確認できる，特徴的な2つの論点について注記しておこう．

　1つは，「頻度説」についての現在の観点からの位置づけである．ロウボトムは，本書129頁で，「現実の頻度は，それ自体が確率なのではなく，あやまった確率値を導く指標…であることがわかった」，そして「頻度を仮説的に考えても同じである．さらに，世界ベースの確率が，もし現実の頻度でないならば，現実的でない頻度として理解されなければならないと主張することの意味もまた，問わなければならない」と述べている．つまりは，頻度というのは確率としては捉えられない，頻度説は確率解釈としては見込みがない，せいぜい，確率についての問題を論じるときに便宜的な形で訴えることのできる現象でしかない，ということをきっぱりと述べているのである．

　これは，ある意味で決定的かつ衝撃的な結論であろう．なぜなら，いまでも依然として確率問題を論じるときに頻度を主題にする文脈は多々あり，とりわけ統計学の文脈ではそうした議論の立て方が依然として有効だと思われている節があるからである．実際，哲学的に考えるなら，頻度はあくまで利用可能な過去のデータにすぎず，未来についての情報とは隔絶されている，ということは，ヒューム以来の「帰納の問題」を学んだ者の目には明らかである．あるいは，極限値などを「大数の法則」のような数学的証明を介して提起しつつ頻度を捉えたとしても，それは私たちが経験できるという意味での「世界」からは離れ，ひいては客観的な確率理解とは性格を異にする見方になってしまうのでないかという疑念も，哲学的にはもとよりあったわけである．

　もう1つ注記したい点は，ケインズの「論理的解釈」の特徴であり，同時に

難点でもある「無差別の原理」についての扱いである。「無差別の原理」とは，簡単に言えば，情報がない事象に関しては同等に扱え，という原理である。サイコロで特定の目が出る確率は1/6とする，というときに顕在化する原理である。けれども，この「無差別の原理」は，何を単一の単位事象とするか，という点で恣意性があり，そこに困難が指摘されて，すでに無効な原理だと長らく扱われてきた。けれども本書では，先に触れた「客観的ベイズ主義」の文脈において，「補正」とならんで「ベイズ主義」的考え方を制限する項目として挙げられていた「曖昧化」という場面で，この「無差別の原理」とほぼ同様な考え方が復活しているのである。

　ロウボトムはこの「曖昧化」について，「私たちは，もっていない情報については，最大限中立的であるべきだ」というジェインズの言葉を引用している（本書74頁）。これはケインズの「無差別の原理」に酷似している。実のところ，私たちは確率を割り振るとき，なにがしか単位を設定しなければならず，その単位相互の起こりやすさはさしあたり同等と考えているのではなかろうか。言い方を換えれば，起こりやすさが同等だと考えられるものを単位として取り出しているのではなかろうか。だとすれば，実は，陰伏的な仕方でケインズの「無差別の原理」は依然として生きている，と言ってよいのかもしれない。ケインズの確率論の再評価を促すようなポイントである。

因果性への展開

　私自身の論点を最後に付け加えておこう。1つは，「ランダム性」についてである。ロウボトムは「ランダム性」にいくつかの箇所で，とりわけ，頻度説を検討しそれを確率解釈としては斥けようとする文脈において言及するが，「ランダム性」がどのように成立しうるかについてはとくに論及は加えていない。

　けれども，ここには理論的な問題がある。もともと「ランダム」とは「規則性がない」「でたらめ」といった意味であり，コルモゴロフの言い方では「圧縮不可能性」(incompressibility)として規定される。そして大抵は，「乱数表」に依拠して「ランダム」な状態が構成される。けれども，ここで重大な原理的問題が発生する。それは，乱数表を作るとき，「作る」という言い方が内包的

に示唆するように，厳密には根底に何らかの規則性が伏在しているのではないか，という疑念である．実際上，「乱数」はコンピュータによって作られるが，それはつまり，そこで作られる乱数は，コンピュータに組み込まれた乱数生成プログラムに圧縮可能だということであり，もともとの「ランダム」の規定に反することになる．つまり，厳密には（無限な長さの入力を仮想しない限り），コンピュータで乱数を作ることはできないのである（杉田 2014: 第 2 章などを参照）．

　このことに関連して，哲学者アントニー・イーグルは，「ランダム性」には「結果ランダム性」と「過程ランダム性」の 2 種があるが，「結果ランダム性」の方が基礎的であること，けれども究極的には，「ランダム性」を識別する効果的で決定的な試験は存在しないこと，を指摘している（Eagle 2016: 456）．結局，「ランダム性」というのは「疑似ランダム性」でしかない，という．確率にランダム性がまとわりつくという想定があるなら，哲学的な見地からすれば「ランダム性」とは何かを問わなければならない．このあたり，もう少し掘り下げる余地があるように思われる（一ノ瀬 2018: 189-191 参照）．

　このことは，「規則性」の概念と深く関わる．詳述はしないが，ウィトゲンシュタインの「規則のパラドックス」を思い起こせば，規則性というのは，非常に広範な仕方で，というより，無限な仕方で，理解可能であり，ランダムな記号の列に見えるものでも，いくらでもそれを何らかの規則性として理解することが原理的に可能であることに思い当たる．

　この点は，頻度説に関わる「ランダム性」への反省を迫るだけではない．その他の確率解釈全般に関わる．規則性の取り方の多様性からして，主観説であれ傾向性であれ，これこれの確率値を取るといったんは確定されたかのように見えても，一瞬先にはそれが大きく変容してしまう可能性がいつも胚胎されている．ある事象について一定の「信念の度合い」をもっていても，突然，それが別な事象に見えてしまう可能性，客観的な傾向性でも，そもそも「どういう」傾向性かについての見方が突然がらりと変わってしまう可能性，それらが原理的に排除できない．したがって，厳密にいえば，いま宛がっている「確率」がどのくらい確かに当てはまり続けるのかについての「高階の確率」がつねに考慮されなければならないはずなのである．いわゆる「確率の確率」であ

る．だが，こうなると，議論はすでにして，最終的には，形而上学的な領域へ
と向かうことが不可避な状況となるであろう．

　もう１つ注記したいのは，確率解釈のいずれに関しても，確率値が因果関係
によって生成してくるという事情についてである．ラムジー的な主観的確率に
ついて，その文脈での範例にしたがって「賭け」に即して言うと，利益を得た
いという欲求と，それにもとづいて形成される「信念の度合い」とによって，
「賭ける」という行為が成立することを基本構造として主観確率が成立してく
るのであり，そしてその構造はラムジー自身によって「因果的」なものと解さ
れている(Ramsey 1990: 65)．つまり，信念・欲求が原因となって，「賭ける」
行為が結果する，ということである．また，客観的確率の場合は，まさしく
「世界」のありようが原因となって，確率値が導かれるという因果関係が成立
していることは明らかである．

　このこと自体は，取り立てて問題性を孕まないように見える．けれども，問
題は，因果関係それ自体が確率概念に依拠して理解されることがあるという，
この点なのである．「確率的因果」(probabilistic causality)と呼ばれる議論であ
る．それは，「事象 c が起こったという条件の下で事象 e が起こる確率が，事
象 c が起こらなかったという条件の下で事象 e が起こる確率よりも大きいなら
ば，さしあたり，c は e の原因候補となる」という，少し考えてみれば自明に
聞こえる関係性に訴えて因果関係を理解しようとする議論のことである．

　今日の水準では，薬物の副作用の因果関係などを想起すれば理解できると思
うが，因果関係を確立させようとするとき確率概念に依拠するのはごく自然で
あり，私たちの常識にもかなう考え方である．けれども，もしこのような仕方
で因果関係が理解されるとするならば，そして，すでに確認したように，確率
が因果性を基盤として成立してくるのだとしたら，ここには循環が生じている
と見なければならない．因果と確率，この両者をどう捉えていくか，これはさ
らに立ち向かうべき問いであろう．

　私自身は，すべての確率解釈に通底する特徴として，「確率解釈そして確率
値は社会の中での人々の言語行為として生成してくる」という事情が潜在して
いると感じている．最初に確認したように，「確率」は見えないけれども，リ
アリティあるものとして機能している．であるならばこれは，何か私たち全体

の言語的了解として押さえ返すべきものではないか，と感じるのである．そして，ひょっとするとそうした見地が，確率解釈の一元論的な整理を促すかもしれないし，いま触れたような確率と因果についての根源的な問題についてのヒントを与えてくれるかもしれない．私は，本書を読みながらそんな思いを膨らませた．読者の皆さんも，本書を読みながら，ぜひ確率について，根本のところまで掘り下げて考える機会をもっていただきたい．

*1　ロウボトム氏は何度か来日し，2018 年 12 月には，東京大学本郷キャンパスでの私のゼミの場で開いた Hongo Metaphysics Club で講演をして下さった．
*2　この点について簡便に知りたいならば，以下を参照されたい．Brian Weatherson 2014. "David Lewis", *Stanford Encyclopedia of Philosophy*, https://plato.stanford.edu /entries/david-lewis/#toc

Eagle, A. 2016. 'Probability and Randomness'. In A. Hájek and C. Hitchcock (eds), *The Oxford Handbook of Probability and Philosophy*. Oxford: Oxford University Press, pp. 440-459.
一ノ瀬正樹 2018.『英米哲学入門』，ちくま新書
Lewis, D. 1986. 'A Subjectivist's Guide to Objective Chance'. In *Philosophical Papers*, Vol. II. Oxford: Oxford University Press.
Ramsey, F. 1990. *Philosophical Papers*, ed. D. H. Mellor. Cambridge: Cambridge University Press.『ラムジー哲学論文集』，伊藤邦武・橋本康二訳，勁草書房，1996 年
杉田洋 2014.『確率と乱数』，数学書房

訳者あとがき

　本書は，Darrell P. Rowbottom（2015）*Probability*, Polity Press の全訳である．訳出に当たっては，基本的に原文に忠実であることを優先しつつ，必要に応じて，厳密さと著者の伝えたいことを犠牲にしないように注意しながら，意訳も取り入れた．原著に頻出する斜体や感嘆符などによる強調も読みやすさを考慮して適宜整理してある．

　原著者の紹介を含んだ，本書の（哲学的／非哲学的）背景や主要な概念の説明については，一ノ瀬正樹氏によるたいへん示唆的な（事例と洞察に富んだ）解説を参照していただくとして，ここでは，本書の全体的な性格と構成のみを示しておきたい．本書は「確率についての言明がどのように解釈されるべきか」（言い換えれば，「確率が関わる言明をなすことで，私たちは何について語っているのか」，あるいは，より漠然とした言い方をするなら「確率とは何か」）を問う確率の哲学の入門書である．記述は簡潔，平易で，多くの具体例によってわかりやすく説明がなされている．また，要所に著者と学生の対話パートを設けることで，各理論の動機や思考過程，問題などが批判的に追えるようになっている．内容としては，主要な立場を網羅しており，より高度な内容への架け橋となる文献の案内もあわせて，入門書として必要十分なものになっている．全体として「敷居をさげつつ到達点は高く」が高水準で実現されており，あらゆる分野，レベルの読者にとって確率の哲学を学ぶのに最適な1冊である．

　1章では，確率の哲学がどのような問題を扱い，どのような対立軸のもとで論じられてきたのかが概観される．2〜8章では，確率理論の黎明期における議論（2章）に始まり，この分野における主な立場の主張と問題点が説明される．一ノ瀬氏による解説にもある通り，この部分では，各立場が情報ベースの見解（論理的解釈，主観的解釈，客観的ベイズ主義，集団レベルの解釈）と世界ベースの見解（頻度説，傾向性解釈）に大きく分類され，各立場に1章ずつが割り当てられている．9章では，確率的思考における，ありがちな問題や誤謬があげられ，それらが確率の哲学理論によってどのように説明され，克服されるかが

205

説明される．10章では，確率の哲学と諸科学分野との関係が，先に紹介された各立場と関連づけた形で論じられる．これらの章では，2〜8章までに説明された理論が，実際的な確率的思考の場面で，どのように生かされるかを見ることができるだろう．

　確率概念は，本書でも触れられているように，私たちの信念や行為の合理性，そして，意思決定と密接に関わっており，それゆえ，私たちの日常的な判断とも深く結びついている．日常的な文脈における確率の運用といえば，本文でも例に出されている天気予報や賭け（マーク式テストの答えがわからないときに，真ん中あたりの選択肢を選ぶようにするというのも，（それが正しいものかはさておき）ある種の確率的思考であると言える）などが直ちに思い浮かぶのではないだろうか．一方で，この概念は，その数学的取り扱いに始まり，哲学，論理学における諸概念（とりわけ，因果性と確率の関係については，一ノ瀬氏の解説を参照されたい）だけでなく，例えば経済学，物理学，法学，生物学など，非常に広範な学術分野とも深い関係がある．確率と関わるいかなる分野の研究者にとっても，確率概念を前提とした諸理論を打ち立てたあかつきには，そこで扱われている確率がどのような概念なのか，自身の理論が含む確率的な言明が何を意味しているのかということは，興味をかきたてるものになるのではないだろうか．私自身，本翻訳を通して，この主題に対する著者の「情熱」が分野を超えたさまざまな読者に伝わり，日本における（分野を問わない）確率の研究に貢献できることを心より願うと同時に，強く信じている．

　最後に，今回の翻訳に当たってお世話になったみなさまに，この場をかりて，感謝を申し上げたい．そもそも，私が本書の翻訳を担当する機会を得られたのは，先にも言及した，武蔵野大学の一ノ瀬正樹教授のご推薦による．その上で，一ノ瀬氏は，今回の翻訳の草稿の全体に目を通して，有益なアドバイスをくださっただけでなく，確率概念への私たちの興味をかきたてるような解説まで書いてくださった．本当に，ありがとうございました．一ノ瀬氏のおかげで，本翻訳プロジェクトの最中に，著者のロウボトム氏にお会いする機会にも恵まれた．その際に，本書の理解に関わる私の質問に誠実に答えてくださったロウボトム氏にも，深く感謝しております．また，このシリーズの他書を翻訳する相松慎也氏，高崎将平氏，野上志学氏，鴻浩介氏には，折に触れて草稿を

訳者あとがき

チェックしていただき，細かい言語表現から，全体的な翻訳の方法についてまで，さまざまなご指摘をいただいた．まことに，ありがとうございました．さらには，アムステルダム大学の遠藤進平氏，一橋大学の清水雄也氏，慶應義塾大学の高取正大氏には，訳語の選択に関する相談に応じていただき，とても有用なアドバイスをいただいた．厚く，お礼申し上げます．最後に，岩波書店の押田連氏には，今回のプロジェクトの最初期から継続的にお世話になり，出版に当たる諸手続きだけでなく，草稿にもそのつど目を通していただくなど，たいへんお世話になりました．心より，感謝申し上げます．

索　引

→　はこの項目を参照せよの意

ア 行

曖昧化(equivocation)　74-87
アキンシュタイン(Peter Achinstein)　25
集まり(collective)
　　──の定義　108
　　無限の──　111-114
　　有限の──　108-111
　　→頻度説
アラゴ(François Arago)　166, 176
安定性の法則(law of stability)　116-119,
　　121-123, 136-137, 148-149
意思決定(decision-making)　1-3, 92, 104
依存性(dependence)　→独立性
一元論(monism)　7-10, 107
　　主観的──　64-68
ウィリアムソン(Jon Williamson)　71-72,
　　81, 86-87, 104
ウサギ(rabbit)　30, 36, 41, 96-97, 108-109,
　　153, 173-175, 185-186
オッズ(odds)
　　──の定義　44
　　公平な──　44-45, 61, 64-65, 117
　　→賭け比率

カ 行

科学(science)　48, 63, 96-97, 115, 131, 141,
　　143, 163-167　→メンデルの遺伝学, 量
　　子論
確証理論(confirmation theory)　163-167
確率解釈の表(table of interpretations of prob-
　　ability)　12
確率の公理(axioms of probability)　181-183
　　ダッチブック論証から導かれる──　47
確率の数学的法則(mathematical laws of prob-
　　ability)　116, 181-183
確率を「解釈する」こと("interpreting" prob-
　　abilities)　3, 76-77
賭けにおける賭け金の分配(dividing stakes
　　when gambling)　13-18
賭け比率(betting quotient)

　　──の定義　44
　　公平な──　44-47
　　個人の信念の度合いとしての──　52-
　　57
　　集団の──　vs. 個人の──　101-103
　　集団の信念の度合いとしての──　97-
　　99
　　→オッズ
カーネマン(Daniel Kahneman)　155-156
カルダーノ(Gerolamo Cardano)　116
カルナップ(Rudolf Carnap)　24, 123
含意(entailment)　21-33, 40-41, 153
　　部分的──　24-33, 40-41, 81
間客観的確率(interobjective probability)
　　104-105
間主観的確率(intersubjective probability)
　　94-103
　　──の応用　165
　　主観的確率の不在のもとでの──　103
基準率の誤謬(base rate fallacy)　151-153
帰納的議論(inductive arguments)　61-62
逆転の誤謬(inverse fallacy)　153-155
客観的ベイズ主義(objective Bayesianism)
　　71-87
　　──と論理的解釈の比較　80-87
　　──の応用　165-167
　　──の問題　78-80
ギャンブラーの誤謬(gambler's fallacy)
　　147-151
　　逆──　150-151
極限(limit)　111-114
ギリース(Donald Gillies)　47, 89, 92-97,
　　115, 137, 141, 181-182
　　──vs. ロウボトム　99-103
組み合わせ(combination)　35, 67
傾向性(disposition)　39, 132-135, 138
傾向性解釈(propensity interpretation)
　　131-146
　　──の応用　149, 159, 161-162, 170-171
　　単称的傾向性説　133-135
　　──の問題　141-145

209

—— vs. 長期的傾向性説　135-138
ケインズ(John Meynard Keynes)　25-27,
　29-30, 32, 36, 40, 74, 77, 80, 83-86
決定論 vs. 非決定論(determinism vs. indeter-
　minism)　11, 126, 136-141, 171, 177-179
ゲーム理論(game theory)　171-175, 179
ケーラー(Jonathan Koehler)　153-154
交換可能性(exchangeability)　67-68
公平なゲーム(fair game)　13-14, 18-19,
　107-108
効用(utility)　1, 92-93, 173
合理性(rationality)　62-63, 66, 71-76, 78-87
　集団の——　90-93, 104-105
古典的な解釈(classical interpretation)　13-
　19
　——の問題　17-19
誤謬(fallacy)　147-157
コルモゴロフ(Andrey Kolmogorov)　181
ゴンボー(Antoine Gombaud)　13, 117-118

サ 行

最大エントロピーの原理(maximum entropy
　principle)　83-84
採点ルール(scoring rules)　57-59
参照クラス問題(reference class problem)
　126-128, 141-143
参照系列問題(reference sequence problem)
　128
ジェインズ(Edwin Jaynes)　71, 74, 83-86
事後確率(posterior probability)　67, 152,
　184
事前確率(prior probability)　67, 184
シュヴァリエ・ド・メレ(Chevalier de Méré)
　→ゴンボー
集団レベルの解釈(group level interpretation)
　89-105
　——の応用　165-167
　——の主要な立場の比較　99-105
　間主観的見解から間客観的見解へのスペク
　　トルにおける——　104-105
　共有された信念にもとづいた——　94-96
　同意された賭け比率にもとづいた——
　　97-99
主観的解釈(subjective interpretation)　43-
　69
　——にもとづいた確率解釈のスペクトル

　87
　——の一元論　64-68
　——の応用　156, 165-167, 177-179
　——問題　59-64
順列(permutation)　35, 67
条件つき確率(conditional probability)　21-
　22, 25-26, 181
　——と逆転の誤謬　153-155
　——の定義　21-22
　確率の公理における——　181-182
　主観的解釈における——　66-67
　論理的解釈における——　25-26
条件つきでない確率(unconditional proba-
　bility)　26, 181
情報ベースの確率 vs. 世界ベースの確率
　(information-based probability vs. world-
　based probability)　4-7, 107-108
信念の度合い(degree of belief)
　——の測定　48-51, 52-59, 83-84, 100-101
　——の本性　52-57
　時間間隔のようなものとしての——　56,
　　59, 61
　集団の——　89, 94-97
　主観的解釈における——　43-61
　論理的解釈における——　26-28
真理値表(truth table)　31, 75
数的でない確率(non-numerical probabilities)
　77
選言(disjunction)
　排他的—— vs. 包含的——　30-31, 74-75
操作主義(operationalism)　53-56
測定(measurement)
　確証の——　163-165
　情報ベースの確率の——　16, 28-40, 83-
　　86
　信念の度合いの——　→信念の度合い
　世界ベースの確率の——　109, 121, 141-
　　143, 169-170

タ 行

多元主義(pluralism)　7-10, 133
ダッチブック(Dutch book)
　——の定義　46
　集団の——　90-93
ダッチブック論証(Dutch Book argument)
　43-47

索　引

——の問題　47-52
集団レベルに拡張された——　90-93
デフィネッティ(Bruno De Finetti)　9, 43,
53-55, 57, 64-68, 181
トヴェルスキー(Amos Tversky)　155-156
独立性(independence)　24, 68, 79, 148-149,
175, 182-183
トートロジー(tautology)　26, 49

ナ 行

内容(content)　40-41, 81

ハ 行

ハイエク(Alan Hájek)　110, 113, 121, 128
背景情報(background information)　22, 26,
39, 67, 166
パスカル(Blaise Pascal)　13-14, 116-118
パスカルの賭け(Pascal's wager)　28, 81
パチョリ(Luca Pacioli)　13
ハッキング(Ian Hacking)　150
パネット(Reginald Punnett)　168-170
ハンフリーズ(Paul Humphreys)　136, 144-
145
ハンフリーズのパラドックス(Humphreys'
paradox)　144-145
頻度説(frequency interpretation)　107-129
——と単称事例の確率　109, 124-126
——と物理的な状態　135
——の応用　151-152, 156-157, 169-171
——の問題　110-114
仮説的相対頻度説(hypothetical relative)
114-129
——についての経験的法則　116-121
——の問題　121-129　→参照クラス
問題, 参照系列問題
現実の相対頻度説(actual relative)　108-
114
——の問題　110-114
→集まり
フェッツァー(Jim Fetzer)　137, 139, 143,
145
フェルマー(Pierre de Fermat)　13-14, 116-
118
フォン・ミーゼス(Richard von Mises)
108, 114-116, 121, 123, 131, 135, 137
部分的含意(partial entailment)　→含意

ブリッジマン(Percy Bridgman)　53
フレネル(Augustin Fresnel)　165-167, 176
分割可能な結果と分割不可能な結果(divisible
and indivisible outcomes)　34-36, 87, 150
ベイズ更新(Bayesian updating)　66
ベイズの定理(Bayes's theorem)　184-186
——と基準値の誤謬　152-153
——と逆転の誤謬　154
確証理論における——　164
ベルトラン(Joseph Bertrand)　36-37, 157-
158
ポアソン(Simeon Poisson)　165-166, 176
ボス・サバント(Marilyn vos Savant)　157-
160
補正(calibration)　72-75, 78-83, 87
ポパー(Karl Popper)　9, 11, 26, 40-41, 81,
133-135, 138-141, 144, 149
ホライズンのパラドックス(horizon paradox)
36-37, 86

マ 行

ミケルソン(Jeff Mikkelson)　38-40
水とワインのパラドックス(water/wine para-
dox)　37-40
ミラー(David Miller)　139
無差別の原理(principle of indifference)　30-
40, 48, 74, 80
——と最大エントロピーの原理の比較
83-86
——の定義　32
——の批判　33-40
否定的な——　40
矛盾(contradiction)　22-23, 26, 49
メンデル(Gregor Mendel)　167-169
メンデルの遺伝学(Mendelian genetics)
167-171, 179
モンティホールのパラドックス(Monty Hall
paradox)　157-162

ヤ 行

ヤング(Thomas Young)　176-177

ラ 行

ラプラス(Pierre-Simon Laplace)　9-11, 16-
18
ラプラスの悪魔(Laplace's demon)　10-11,

211

137

ラムジー (Frank Ramsey)　43, 50, 56-57,
　59, 93, 100

ランダム性の法則 (law of randomness)
　116, 119-123, 131

リスク忌避 (risk aversion)　2, 51-52, 99

量子論 (quantum theory)　60, 111, 138,
　175-179

ルーレット (roulette)　64-66, 120, 147-150

連言の誤謬 (conjunction fallacy)　155-157

ロウボトム (Darrell Rowbottom)　89, 97-
　99, 104

―― vs. ギリース (vs. Gillies)　99-103

論理的解釈 (logical interpretation)　21-42

――と客観的ベイズ主義の比較　80-87

――の応用　153-154, 165-167

――の問題　33-40

論理的同値 (logical equivalence)　31

ダレル・P. ロウボトム Darrell Patrick Rowbottom

1975年生.ダーラム大学 PhD, DLitt.現在,嶺南大学（Lingnan University 香港）哲学科教授.科学哲学,認識論,確率の哲学.*The Instrument of Science: Scientific Anti-Realism Revitalised*, London: Routledge（2019）; *Popper's Critical Rationalism: A Philosophical Investigation*, London: Routledge（2011）など.

佐竹佑介

1989年生.東京大学大学院人文社会系研究科基礎文化研究専攻博士課程単位取得退学.ロチェスター大学大学院博士課程.哲学.

一ノ瀬正樹

1957年生.東京大学大学院人文社会系研究科教授を経て,現在,東京大学名誉教授,オックスフォード大学名誉フェロウ,武蔵野大学教授.哲学.

現代哲学のキーコンセプト
確　率　　　　　　　　ダレル・P. ロウボトム

────────────────────────────

2019 年 6 月 19 日　第 1 刷発行
2023 年 10 月 5 日　第 3 刷発行

訳　者　佐竹佑介

発行者　坂本政謙

発行所　株式会社 岩波書店
〒101-8002 東京都千代田区一ツ橋 2-5-5
電話案内 03-5210-4000
https://www.iwanami.co.jp/

印刷・三陽社　カバー・半七印刷　製本・松岳社

────────────────────────────

ISBN 978-4-00-061346-0　　Printed in Japan

入門から　もう一歩進んで考える

現代哲学のキーコンセプト
Key Concepts in Philosophy

解説　一ノ瀬正樹

A5判　並製

- 英国ポリティ(Polity)社から刊行中のシリーズから精選
- 手ごろな分量で，現代哲学の中心的な概念について解説
- 概念の基本的な意味や使い方・論争点等を示す教科書

『確率』
ダレル・P. ロウボトム (香港嶺南大学教授)／佐竹佑介訳………… 222頁
定価 2640円

『非合理性』
リサ・ボルトロッティ (バーミンガム大学教授)／鴻　浩介訳…… 214頁
定価 2640円

『自由意志』
ジョセフ・K. キャンベル (ワシントン州立大学教授)／高崎将平訳… 182頁
定価 2200円

『真理』
チェイス・レン (アラバマ大学准教授)／野上志学訳……………… 246頁
定価 2750円

『因果性』
ダグラス・クタッチ (西インド諸島大学講師)／相松慎也訳……… 230頁
定価 2750円

所属は執筆時

──── 岩波書店刊 ────
定価は消費税 10% 込です
2023年 10月現在